はじめに――築土構木（ちくどこうぼく）の世界へ

世間は皆、虚言ばかりなり

「土木」というと、多くの現代日本人は、なにやら古くさく、このＩＴやグローバリズム全盛の21世紀には、その重要性はさして高くないものと感じているかもしれません。

とりわけ、「人口減少」や「政府の財政問題」が深刻化している、と連日の様に様々なメディアで喧伝され続けている今日では、今更、大きなハコモノをつくる様な土木は、時代遅れにしか過ぎないだろう、というイメージをお持ち方は多いものと思います。

しかし、今日私たちが信じている様々な常識が、実は単なる「虚言（そらごと）」（ウソ話）にしか過ぎないという事例には、事欠きません。

例えば、今から七百年前の吉田兼好の『徒然草』の中には、次の様な一節があります。

世に語り伝ふること
まことはあいなきにや
多くは皆虚言なり

いひたきままに語りなして
筆にも書き止めぬれば
やがてまた定まりぬ

つまり、「世間で言われていることに、本当の真実なんて、ほとんどありやしない。その多くが皆、虚言（ウソ話）にしか過ぎない。多くの人々が皆、言いたいことを好き勝手に言って、その内、それを文字に残してしまえば、ますます尤もらしく見えてしまい、世間の定説になってしまう」と、吉田兼好は嘆いているわけです。

インターネットもテレビも週刊誌も無く、かつ、文字を書き残したりする人が限られていた七百年前ですら世間に〈虚言〉（ウソ話）ばかりが溢れかえっていたのですから、現代においては、吉田兼好の想像を遙かに絶する水準で、〈虚言〉が世間を支配しているのも当然だと言うこともできるでしょう。

——本書は、中野剛志氏、柴山桂太氏、三橋貴明氏、大石久和氏、青木泰樹氏の五名の論客と、現代日本では、著しく悪いイメージが付与されてしまった土木というものを巡って、様々な角度から語り合った内容を収めたものです。

この五名はそれぞれ、経済学や政治哲学、経済思想や国土学といった様々な専門をお持ちの方々でありますが、彼等には、大きな共通点があります。それは、

世間に共有されている〈虚言〉と戦う

という姿勢です。

この五名の方々は学者、官僚、評論家というそれぞれの立場で、実に様々な〈虚言〉と直面して来られました。そしてそれぞれの局面で、その〈虚言〉を暴き出し、隠蔽された真実を見いだし、その真実に基づいて現実の実務や政治が展開する事を企図して、様々な人々にその真実を伝えようと尽力してこられた方々です。

その活動範囲は、経済や社会、政治等、実に多岐にわたりますが、中でも、特に扱いづらい問題として残されている巨大な領域が、一つあります。

それが、本書で取り上げる「土木」の問題です。

例えば、筆者には、次の様な経験があります。

ある時、筆者を含めた複数の言論人を取り扱う企画がありました。

その企画のテーマもまた、上述の様な「世間の〈虚言〉と戦う」という姿勢を描写すべく、ある一人のライターがわれわれ一人一人をインタビューし、取りまとめるというものでした。筆者のそのインタビューでは、特に「土木」について、熱心にお話しいたしました。

しかし、その取りまとめ原稿は、「土木なんて、時代遅れの古くさいモノにしか過ぎない」という先入観、すなわち「世間に流布されている〈虚言〉」に塗(まみ)れたものとなっていたそうです――「そうです」というのは、実を言うと筆者はその原稿を一度も拝見した事がないからなのですが、上述の様な先入観に塗れた内容では公表は厳しい、という企画者の判断の下、筆者の記事だけを削除するかたちで、公表されることとなったのでした。

かくして、当該企画は、そのライター自身が「〈虚言〉と戦う言論人たちの姿勢を描写する」事を目的としていたにも関わらず、「土木」という題材についてだけは、そのライター自身も、世間の〈虚言〉に幻惑されてしまっていた訳です。そしてその挙げ句に、そのライター自身がエールを送らんとしていた、〈虚言〉と戦う言論それ自身を、逆に「弾圧」する事となってしまった、という何ともシュールな事態に陥ってしまっていたという次第です。

土木を巡るこうした濃厚な世間の〈虚言〉と対峙し、それに幻惑されないようにするために、私たちに一体何が求められているのか――この点について、筆者は、「真剣に考える」

ということ、すなわち「思想」こそが求められているのではないかと考えています。

かくしてここに、世間の〈虚言〉と対峙し続けてきた論客の皆さんと、世間の濃密な〈虚言〉に塗れ続けてきた「土木」について、様々な角度から論じ合った内容を一冊の本にとりまとめ、これを出版するに至った次第です。

築土構木の思想

では「土木」とは一体何なのでしょうか？

その答えを考えるにあたって重要なヒントとなるのが、本書のタイトルでもある、土木の語源ともなった「築土構木」という言葉です。

この言葉は、中国の古典『淮南子(えなんじ)』（紀元前2世紀）の中の、次の様な一節に出て参ります。すなわち、「劣悪な環境で暮らす困り果てた民を目にした聖人が、彼等を済(すく)うために、土を積み（築土）、木を組み（構木）、暮らしの環境を整える事業を行った。結果、民は安寧(あんねい)の内に暮らすことができるようになった」という一節でありますが、*この中の「築土構木」から「土木」という言葉がつくられたわけです。

このことはつまり、土木とは、自然の中で苦しむ人々を済(すく)い、彼等が、安寧の内に暮らすことができることを企図して、自然環境の中に人々の「住処(すみか)」をつくり上げるものなのだということを意味しています。

そして、築土構木＝土木という行いは、自分の事ばかりを考える利己的な商売人達や、利権に目がくらんだ政治屋たちが行う浅ましき行為とは全く無縁どころか、それとは真逆の、人々の安寧を慮る人々、つまり「聖人」や「君子」が行う「利他行」そのものだという事も暗示されています。

この様に考えますと、土木というものは、昨今の「土木バッシング」や「土木叩き」にてイメージされるものとはかけ離れたものだという実態が見えて参ります。すなわち、築土構木としての土木には、その虚言に塗れた世間のイメージの裏側に、次の様な、実に様々な相貌を持つ、われわれ人間社会、人間存在の本質に大きく関わる、巨大なる意義を宿した営為だという事実が浮かび上がって参ります。

第一に、土木は**「文明論の要」**です。そもそも、土木というものは、文明を築きあげるものです。例えば、ヨーロッパ文明や日本文明の根幹やその本質的相違というものは、それぞれの地で、土木を通してどういう「住処」を整えていくのか、という一点に直接的に依存しています。文明論を語るにおいて、土木は絶対に外せない一要素を成しているわけです。

第二に、土木は、**「政治の要」**でもあります。そもそも築土構木とは、人々の安寧と幸福の実現を願う、「聖人」が織りなす「利他行」に他なりません。それ故、「世を経(おさ)め、民を済(すく)

う」という経世済民を目指す「政治」においては、「土木」の取り組みは最も重要な要素を成しています。

第三に、現代における土木は**「ナショナリズムの要」**でもあります。現代の日本の築土構木は、一つの街の中に収まるものではなく、街と街を繋ぐ道路や鉄道をつくるものであり、したがって「国全体を視野に納めた、国家レベルの議論」とならざるを得ません。それ故今日においては、「国」という存在を明確に意識したナショナリズムの考え方があってはじめて、土木が成立し得るのです。しかも、土木を通して都市と都市を繋いでいくことで、国民意識、ナショナリズムが醸成されていくものでもあります。それ故、ナショナリズムのあり方を考える上で、（国防問題と共に）土木は必須要素となっています。

第四に、土木は、社会的、経済的な側面における**「安全保障の要」**でもあります。社会的、経済的な側面における安全保障とは、軍事に関わる安全保障ではなく、地震や台風等の自然災害や事故、テロ等による、国家的な脅威に対する安全保障という意味です。とりわけ、今日の日本が首都直下や南海トラフといった巨大地震災害の危機にさらされている以上、そのための強靭化対策において、土木は最も枢要な役割を果たすものです。

第五に、土木は、現代人における実質上の**「アニマル・スピリットの最大の発露」**でもあります。土木によって形作られるインフラは、その地域や国の未来の形に巨大な影響を及ぼし続けるものです。つまり、土木というものは、その時々において、未来に対しての「決意」と共に行う「投資」行為です。そして、その未来は常に「不確実」なものですから、土木というものにおいてはケインズが指摘した様に、ある種の、雄々しき「アニマル・スピリット」（血気）が不可欠なわけです。そして今日においては土木は、そのスケールの大きさを踏まえるなら、（国防問題と共に）アニマル・スピリットの最大の発露に他なりません。

第六に、土木こそ、机上の空論を徹底的に排した、現場実践主義と言うべき**「プラグマティズム」が求められる最大の舞台**でもあります。そもそも土木は、その地の「自然」や、その時点の「政治」の状況、それを支える「ナショナリズム」を含めた人々の「気風」の動向など、あらゆるものを勘案しながら進める巨大プロジェクトです。したがってその展開は、机上の空論では絶対に進めることができないものであり、必然的に、現場から一歩も逃げず、あくまでも現場に没入しつつ、聖人や君子に求められる利他的精神と大局観とアニマル・スピリットでもって実践を重ねる「実践主義＝プラグマティズム」が求められているのです。

——この様に土木というものは、実に様々な側面を持つものなのですが、それは、土木がわたしたち人類の環境それ自身を作り出すという「巨大な営み」であることの当然の帰結だ、と言うこともできるでしょう。

とはいえ、土木＝築土構木の思想を、このように一気にまとめて論じてしまいますと、今一つ、分かりづらいこともあるかもしれません。

しかし、そこは心配無用です。本書におけるそれぞれの論客との対談は、以上の論点を一つずつ取り上げ、じっくりと議論したものだからです。

中野氏とは政治思想、とりわけナショナリズムの議論を中心に、柴山氏とは、政治、経済、社会を見据えた社会科学の視点を中心にお話しいたします。三橋氏や青木氏とは経済学、とりわけ、民を済うための経世済民の視点を中心に、そして大石氏とは安全保障、ひいては、文明論を見据えた国土学の視点から、それぞれお話しいたしております。

土木で日本を建てなおす

ところで、筆者は、こうした議論を、多くの方々に知って頂くことができれば、日本の様々な問題は、大きく改善していくであろうと考えています。

そもそも、今日本は、首都直下や南海トラフといった巨大地震の危機に直面しています。今日の日本中のインフラの老朽化は激しく、今、適切な対応を図らなければ、２０１２年の笹子トンネル事故の様に、いつ何時、多くの犠牲者が出るような大事故が起こるか分からない状況にあります。

地方都市の疲弊も、年々激しくなってきている一方、大都市ですら、世界各国との国際競争の中で、芳しい結果を残せなくなりつつあります。

そして何より、アベノミクスで株価が上がるなど、一定の効果は見られるものの、未だデフレ不況は終わりを告げてはいません。その結果、経済は停滞し、非正規雇用が増える一方で、国民の所得も下がり続け、挙げ句に、税収も減り、政府の財政も悪化する始末です。

つまり、21世紀初頭の日本は、かつての輝きを完全に失い、緩やかに凋落し続ける国家となってしまっているのです。

しかし、こうした諸問題はいずれも、日本人が「築土構木の思想」を忘れ去ったことに、その大きな原因があるのではないかと、筆者は考えています。

巨大地震対策、インフラ老朽化対策については多言を弄するまでもありません。

大都市や地方都市の疲弊もまた、日本人がまちづくり、くにづくりとしての築土構木を忘れてしまったからこそ、著しく加速してしまっています。

そして、深刻なデフレ不況もまた、アニマル・スピリットを忘れ、投資行為としての築土構木を我が日本国民が停滞させてしまった事が、最大の原因となっています。

だからこそ、この傾きかけた日本を「建てなおす」には、今こそ、世間では叩かれ続けている「土木」の力、「築土構木」の力こそが求められているに違いないのです。

ついては本書にてそれぞれの論客の言説にお触れ頂き、一人でも多くの日本国民が築土構木の思想を深く理解し、世間を覆い尽くす土木を巡る〈虚言〉を打ち砕く事を通して、日本を建てなおす契機がわが国にもたらされますことを、心から祈念したいと思います。

＊

古者民澤處復穴、冬日則不勝霜雪霧露、夏日則不勝暑熱蚊虻、聖人乃作、為之築土構木、以為室屋、上棟下宇、以蔽風雨、以避寒暑、面百姓安之（昔の人々は沢や穴の中に住んでいたので、冬には霜、雪、霧、夜露を避けることができず、夏には暑さや蚊や虻（ブヨ）を避けることができなかった。そこへ聖人が現れて、土を築いて盛上げ、木を使って構えてこれで家屋とし、棟木を上に構え、その下に部屋を作って家屋とした。これで風雨を遮り寒暑を避け、人々は安んじて生活ができるようになった）

築土構木の思想　目次

第1章
土木はナショナリズムで駆動する

中野剛志×藤井聡

中野剛志（なかの・たけし）

1971年神奈川県生まれ。評論家。東京大学教養学部卒業。エディンバラ大学より博士号取得（社会科学）。専門は経済ナショナリズム。著書に『TPP亡国論』（集英社新書）、『国力とは何か　経済ナショナリズムの理論と政策』（講談社現代新書）、『日本思想史新論』（ちくま新書）、『反・自由貿易論』（新潮新書）、『保守とは何だろうか』（NHK出版新書）などがある。

真面目すぎる土木研究者の世界

藤井　今回は、評論家であり、元京都大学大学院准教授である中野剛志先生にお越しいただき、お話を伺っていきたいと思います。

中野剛志先生は、社会科学をずっとやってこられた先生で、エディンバラ大学で経済ナショナリズム、あるいはヘーゲルの議論とナショナリズムの関係を研究してこられました。インターナショナル・ジャーナルにも投稿されて、社会科学者として学位をとられた先生です。

ご存知の方も多いと思いますが、中野先生は京都大学の私どもの都市社会工学専攻の藤井研究室に2010年から2012年までの2年間、所属しておられました。その間いろいろな研究をご一緒したり、対談の出版などをご一緒したりして、もちろんいまでもいろいろとお付き合いいさせていただいています。

今日は「築土構木の思想」ということで、中野先生がやっておられる言論や研究等の活動のなかでも、とりわけ「築土構木」関係のものに焦点を絞りながら、お話をお聞きしたいと思います。

築土構木に焦点を絞るといっても、この築土構木自身が広い概念です。例えば、TPP（環太平洋戦略的経済連携協定）の問題だって国土保全に直結する話ですから、築土構木と全然無関係ではありません。ですから、中野先生がずっとやって来られたような活動と築土構木とは大いに重なってくるものと思います。

中野先生はわれわれの研究室にいらした2年間、土木学会などにもよく来ていただいて、いろいろな議論をしました。そのときの感想というか、築土構木、土木に関して思っていらしたこと、そのあたりからお話を聞いていければと思います。

中野　私は文系理系という分け方でいえば文系ですから、理系の土木とはまったく畑違いです。ある意味、「文理融合」的な感じで、全然カルチャーの違うところに入った感じはしました。

でもそれほど違和感を持たなかった面もあります。いま藤井先生がおっしゃったように、築土構木は広い概念です。要は政策そのもので、社会とかコミュニティ、国家とかそういったことと深く関係していて、それをハード面から見ている。でもハードの中身やハードの上に乗っかっているものも、当然見てやっている。私の専門の社会科学のほうは、どちらかというとハード以外のところにフォーカスを当てているので、当然重なりあうところはありました。

違いを感じたのは、変な話ですが、土木の研究者の先生方の姿勢です。もともと藤井先生に自分の研究室に来ないかとお誘いいただいたのは、2009年から2010年頃でした。当時は土木の予算をどんどん削っていった時期です。国土交通省や土木関係の先生方が、「これじゃ、メンテナンス費用も賄えないんじゃないか。どう考えても減らしすぎだ」

と言うのにどんどん減らしていった。しかも民主党政権ができて、さらに「コンクリートから人へ」という話になり、しかもそれをみんなで熱狂的に支持するような状況になったので、これはまずいと危機感を覚えていたころです。土木のプロフェッショナルの先生方は「（2011年の東日本大震災のような）巨大災害があったらどうするんだ」と、みんな心配しておられたのですが、そういう意見がちっとも反映されない。そこで政治的・経済的な意義をふまえて、土木というものをもっとアカウンタブルなものにしていかないとまずいんじゃないかという問題意識が藤井先生におありになった。ついてはどういうふうに世間に訴えたらいいのか、政治や経済の方面についてちょっと手伝ってほしいと、確かこういうご依頼でしたね。

こう言っては何ですが、私は土木の先生方を観察していて、ちょっと違和感を覚えたところがあります。要は、みなさんとても真面目なんです。社会や地域のことを考えて、立派な橋、立派な道路、安全な建造物をつくるということを真面目に積み重ねている。もちろん「土木叩き」や公共投資批判については「やりすぎだ」「おかしい」と思っている。けれど、真面目に研究して、立派な橋をつくれば、みなさんわかってくれて、悪しき誤解や偏見のようなものは払拭できるだろう。まずは自分の与えられた職分をまっとうしよう。人の評価は後からついてくるんだ、というような真面目な先生が多い。

だから僕は「もしもし、それじゃダメですよ」とお声がけしているんです。だいたい土木を叩いている人たちの方は不真面目ですよね。不真面目という意味には二つあって、よく知らないのに、よく知ろうともせずに叩いている。もうひとつは何か意図的に悪意をもって叩いている。そういった人たちには、真面目に誠実な態度で押し返そうとしても無理で、やられっぱなしになってしまう。

藤井　ええ、そうですね。

中野　これは残念というか不幸なことですけれども、世の中がこうなった以上、仕方がない。したがって真面目に自分の研究をやっているだけではなく、もうちょっといろいろな工夫をして議論していったほうがいいんじゃないか、という感じは率直に言ってありましたね。

藤井　「男は黙ってサッポロビール」じゃないですけど、黙っていてうまくいくどころか、グッと黙ってたら後頭部をバシバシ叩かれるだけで、全然ビールが飲めない（笑）。

中野　いまだに、そういう滑稽な状況にありますね。

藤井　ホントにそうです。黙ってたら、オーダーしたサッポロビールもジンギスカンも、ずーっと出てこない、みたいな状況です（笑）。

中野　しかし土木の先生方を擁護すれば、これは土木に限った現象ではありません。

藤井　そう。それって、もう既に最近の日本人の「型」の一つになってしまっている。

中野　そうなんですよ。ちょっと前までは「郵政民営化」といって、特定郵便局が何か政治力をもって悪さしているような感じで、みんなどんなことがあるのか知りもしないで叩いた。

もちろんまったく完璧なわけはないので、何かあったんでしょうけど、そこまで叩くことはないだろうと思います。最近では農業関係がそうですね。

もはや打って出て戦わざるをえない状況

中野　建設も、いろいろと政治スキャンダルがあったんでしょうけど、そういうものに巻き込まれて、いっぺんにダーティーなイメージがついてしまった。銀行が叩かれた時代もありましたね。まあ、銀行は「殴ってもいいかな」と思うことがないわけでもないですが（笑）、銀行にだって真面目な人はたくさんいて、まずいことをやったのは一部です。「杜撰（ずさん）な融資をした」と言うけれど、バブルのときは、それが杜撰ではなかったわけですよ。マクロ経済的にバブルが起きていたら、そういう行動をとらざるを得ないだけの話です。

土木もそういうところがあります。建設だって「内需拡大をしろ」というアメリカの圧力を受けて、国が政策として仕方なく財政出動をやりまくったので、仕方なく施設をつくったようなところもあったわけです。

その業界や、そこの人たちが悪いからではなく、国全体、あるいは社会全体が異常だったのに、全部特定業界のせいにされて、そこで起きた数%のスキャンダルを大きく取り上げて騒ぎ立てる。騒ぎ立てるほうは悪意を持っているのでしょうけれど、騒ぎ立てられるほうが

「確かにわれわれも反省すべきことがあったから襟元を正します」などといって反省していると、まわりはもっと調子にのって殴るわけです。

藤井　ちょうど小学校のいじめと同じですね。

中野　そう、あるいは国際社会と同じ。反省して弱みを見せている姿を見て、「じゃあ許してやるか」という古き良き日本があったのかどうか知りませんが、いまは明らかにそういう時代ではないんですよね。

たしかに土木にもムダなものがあったり、政治家との関係で不祥事があったりしたわけです。それならその不祥事やムダを是正すればいい。なぜなら必要なものもあるし、ムダではないものもあるからです。だからムダなものは落とすけれど、重要なものはやる、というふうにすればいい。それなのに、どういうわけだかそれを「体質」とか「構造」のせいにして、全体を止めてしまうことがすごく多いんですよ。

たとえば国の特別会計でも、ムダが多いと指摘されると、特別会計のムダを削るのではなく、特別会計そのものをやめてしまおうとする。公益法人などの議論もそうですよね。とにかく全部なくしてしまう。これは人間にたとえれば、蓄膿症とか中耳炎になったら、「体質だ」「根本から断つ」とかいって、「殺してしまえ」というのと同じですよ。こんな単純化された議論が、ものすごく横行しているんですよね。

藤井　是々非々が一切ない状況ですね。しかし20年くらい前、つまり90年代後半くらいまでは、必ずしもそういう状況には至っていなかった。それなりに政権が公共事業や国土計画の重要性をしっかり認識していて、国会やメディアなどでも、まだまだ、真面目な論調もそれなりに残っていた。だから、今みたいな単純化したイメージ論に完全に議論が支配されていたわけでもなかったから、土木関係者、つまり、建設関係の役所や建設業の人たち等が、必ずしも全面的にいじめ倒されるような状況じゃなかった。彼等は粛々と、「男は黙ってサッポロビール」のノリで、国家公共のためにただ黙々と、自分たちの仕事に真面目に取り組んでいたし、それで大きな問題も起こらなかった。

だけど21世紀に入った前後、デフレになったあたりから、公共事業を巡る社会的な状況は、公共事業関係者に対する「いじめ状況」になってしまった。そして、必然的に「公共事業を守るべき人」、つまり、政府や言論人や学者が公共事業を守ることを「放棄」し始めてしまった。でも、公共事業をやっていた建設業の人たちや役所の人たちの「男は黙ってサッポロビール」なメンタリティーは、何も変わっていないという状況でした。

中野さんに「京都大学にお越しいただけないか」と言ったときの僕の気持ちはこうだったんです。「男は黙ってサッポロビール」では、ビールも肉も何も運んで来てくれない。で、さらに困るのは、ホントのサッポロビールの話なら困るのは当人だけで済むのですが、土木の関係者の場合には、彼等が困るだけでは済まない。土木関係者が日本のインフラを支え、経済を支えていたわけですから、彼等がいじめ倒されれば、日本そのものが斜陽化していくわけです。

ここで自己弁護せず、「黙る」という美意識を貫くのは私徳として望ましいかもしれない。しかし「公徳」の次元では、非常に大きな社会的デメリットをもたらすことになるのです。一番わかりやすいのは大規模な自然災害や、インフラが老朽化したことによる大量死や大事故です。それはもう目に見えて明らかです。「男は黙ってサッポロビール」なんてカッコつけている場合じゃない。『東京物語』の笠智衆*のように、愚痴を言わず沈黙しているのも美しいかもしれないけれど、責任があるのだから、もう打って出て戦わないといけない。私徳の点ではおぞましいと言われるようなことかもしれないが、公徳の点では、こういうことも必要ではないか。ソクラテスだって、ワケの分からない批判で死刑だと言われた時、自らの潔白を明らかにするために「弁明」をしましたよね。だから、いわれ無き不当な批判に対しては、徹底的に闘う姿勢を見せることは決して不道徳なことではない。

このような大局を見てとると、オルテガの大衆社会論のように、「自分を批判している人たちにあえてケンカを挑む」という構造が必要ではないかと感じたわけです。それを考えた時、広い意味での土木、つまり築土構木について中野さんと一緒に研究をしたり発言をしていくことが、この現状の中では、大きな意味を持つことになるんじゃないか——今から思えば、そんな風に感じていたことが、中野さんにお声かけをする大きな理由の一つだったんじゃないかと思います。

中野　土木の先生方には、「自分の仕事を真面目にやっていれば、いつかは理解してもらえる」というお気持ちもあると思います。それは好意的に見ればそうですが、意地悪な見方をすれば、自分が動かないことの言い訳を自分に言い聞かせているという可能性もないわけではない。

藤井　そうですね（苦笑）。

中野　自己欺瞞というのはいくらでもできてしまうので、なかなか判定が難しく、どちらなのかわかりませんが、そういった問題はあるでしょうね。世の中が正常であれば、大学の先生は自分の研究さえしていればいいという時代が確かにあったんでしょうけれど。

藤井　でもいまはそういう時代ではない。そんな正常性は、あらかたこの国から蒸発してしまった——多分そのあたりは中野先生と共有していた感覚でしょうね。

そういう格好で中野先生にお越しいただいて、ナショナリズムの研究とか、いまの国土強靭化につながるようなレジリエンス（強靭化）の基礎研究をしてきました。ベースは経済レジリエンスの研究、あるいはミクロとマクロ、あるいはハードとソフトの間の（難しい言

＊　**東京物語と笠智衆**…『東京物語』は小津安二郎監督の1953年製作の日本映画で、笠智衆はそれに出演していた俳優。「良き家族」を含めた古き良き日本が、戦後、新しき東京的なる＝近代的なるものによって潰されていく流れを描写した映画。笠智衆が演じた寡黙で真面目な人物が、「古き良き日本」を象徴していた。

葉でいうと）「解釈学的循環」やオルテガの言う「生の循環」の問題を取り扱う「生の哲学*」だったと言えると思います。ですから例えば、「物語論」なんかも含まれますね。そんな研究はいずれも、直接間接に、全部いまの政局や公共政策に関係してくるような話だったと思います。

国民のための経済

藤井　中野先生とは、都合2年間いろいろな研究を共同でご一緒させていただきました。それが築土構木の思想と関係しながら、いわゆる国土強靭化の方向につながっていくわけですが、その基礎研究のお話を引き続きお伺いできればと思います。

中野先生はずっとナショナリズムの研究をしてこられましたが、私はこの「ナショナリズム」というものが、これからの築土構木、特に国土計画において極めて重要となるだろうと感じています。公共投資を見据えた社会科学研究と築土構木研究が融合する接合点に、この「ナショナリズム」という概念があるのではないか――随分前から、こんなふうにお話ししていたような記憶がありますが、あらためてナショナリズムについてお話を聞かせてください。

中野　私の専門はナショナリズム、あるいはネイションについてです。ネイションというのは、日本語に訳すと「国民」ですね。よく「国家」と訳されますが、「国民」と言ったほうがいい。つまり人民、国民です。国家というのはステイト。国連は英語で「ユナイテッド・ネイション」と言いますが、本当は「ユナイテッド・ステイツ」です。しかし、それだとアメリカのことになってしまう。

藤井 そうですね（笑）。

中野 そんなふうに国民というものを研究していました。経済学という学問では、国内総生産（GDP）、昔は国民総生産（GNP）と言っていましたが、国民所得を伸ばしましょうと言っています。GNPという言葉は「グロス・ナショナル・プロダクト」の略ですから、国民という概念が入っているわけですね。

ところが経済学という学問には「個人」と「政府」はありますが、「国民」という概念がない。国民のための経済という感じではない。経済政策を考えたり実行したりするのは、国民のために経済をよくするためなのに、経済学のほうにはそれがない。これでは使い物にな

＊ **生の哲学**…「生」「生きること」は物理現象とは全く別次元のものであり、人間に関わるあらゆる現象は、この「生」を根元として生ずるものであると考える考え方。実践的でプラグマティックな側面を持つと同時に、文学や物語こそが認識や存在の根元にあると考える。そして、人間の身体と精神の二元論、人間と環境、主体と客体の二元論を前提とせず、精神と身体、環境等のあらゆる要素は皆、動学的に「循環」しつつ流転し続けるものであると捉える。そして、そうした循環過程それ自身を「生」と名付けている。

らんじゃないか、ということがありました。

だけれども経済思想の歴史をたどると、必ずしもネイションという観念がなかったわけでもない。たとえば経済学の父といわれるアダム・スミスの書いた「国富論」という本の原題は、「ザ・ウェルス・オブ・ネイションズ」。ちゃんとネイションズと入っている。だからちゃんと位置づけようとすれば、入るはずだと思っています。

ナショナリズムというと、なんだか過激で危険な思想みたいなイメージがあります。もちろん過激になったこともあるのですが、必ずしもそうとは限らなくて、ネイションというのは国民で、イズムが主義だから、「国民主義」と訳せばいいわけです。国民主義というのはいわゆる民主主義と一緒ですから、別に悪く聞こえないわけですね。

それで経済ナショナリズムというのは何かというと、経済というものを「国民のための経済」と考えて、「国民のためには経済をどういうふうに運営したらいいだろうか」というものだと大雑把にとらえれば結構です。

ネイションとかナショナリズムというもの自体は、それほど古くからあるものではありません。諸説ありますが、盛んになったというか、当たり前のように出てくるようになったのは、近代になってからです。早くても16世紀にはあったという説もありますが、広く定着するようになったのは産業革命以降だと言われています。

それまでは人々の間に、「国民」という概念がなかったんです。王様や貴族と、人民がその家来みたいな感じでいるだけですから。たとえばフランスの王朝時代、フランスに住んでいる人たちに、「俺たちはフランス人だ」という意識はなかった。その後、フランス革命などがあって、「俺たちはフランス人だ」という意識が生まれ、たとえば「フランスのためにドイツと戦おう」というイメージが出てきた。

日本の場合は島国ですし、わりと昔から「日本人」という意識は持っていたんですが、それでも戦国時代や江戸時代は領国や藩ごとに分かれていて、「日本人」というよりは、「殿様に統治されている領民」という感じだったわけですね。それが明治になって廃藩置県が行われ、日本という意識を意図的に持たせようとしました。

「国民」という概念が生まれる前の戦争というのは、フランスとドイツの王様同士が戦うものであって、人々は駆りだされていただけだったのに、ネイションというものができると、「フランスは俺たちの国だ」「俺たちの国を守ろう」といって戦うようになるわけですね。

インフラとナショナリズムの密接な関係

中野　それではなぜ急に、バラバラの村に住んで領主様に統治されていた人びとが、「俺たちはフランス人だ」とか「ドイツ人だ」という観念を抱くようになったのか。

なぜそれが産業革命以降だったのかというと、一つの有力な説があります。産業革命があって鉄道が敷かれ、道路ができて、通貨が統一されると、マーケットができる。電信電話ができて新聞が発行されるようになる。

このように広範囲の人たちが互いにコミュニケーションをとるようになると、だんだん「ああ、俺たちは同じ国の国民なんだな」という意識が生まれてくる。そして国家が学校教育を施すと、みんな同じ教科書を使うし、言葉も標準語として揃う。朝になるとぞろぞろとみんな揃って学校に行き、そこではみんなと同じ行動をする。そうしてだんだん国民意識というものが醸成されてくる。そういうふうに言われています。

しかし19世紀のドイツやイタリアは、まだ統一されていなくて、国民国家というものができていなかった。領邦国家といって、領主様がバラバラに何人もいる状態です。その一方で、イギリスやフランスはいち早く国民国家となって産業革命などが起きて、どんどん先に行ってしまう。そうするとドイツなどは、先に国民という意識を身につけたフランス軍にボロ負けするとか、イギリスに経済的に負けるということが起きる。そこでイタリアやドイツでも、「俺たちも国民を統合して一個の国民国家をつくろうじゃないか」という動きが意図的にできてくる。

意図的に国民をつくろうという人たちのことをナショナリストと言いますが、この当時のナショナリストたちの思想を見ていると、面白いことがわかります。ドイツの統一を唱えたフリードリッヒ・リストという政治経済学者や、イタリアを統一した政治家カヴールといった人たちが、国を統一するためには何をすべきだと言ったかというと、まず鉄道を敷こう、インフラを整備しようということです。やはり、わかっていたんですね。

インフラを整備すると、たとえば南ドイツと北ドイツとでコミュニケーションをするようになる。南ドイツでは農業が、北ドイツでは工業が盛んなら、南から北へ農産品が送り出され、工業製品が北から南へ来るということになる。労働者も行き来するようになる。するとお互い相互依存関係になって、国民という意識が生まれてくる。そうすると仮に北側が敵から攻められたとき、南側は以前なら「知ったことか」と言っていたけれど、一致団結して戦ったりするようになります。

つまり「同じ国民」という意識を持つと、みんなで協力するので、ものすごく力を発揮するようになります。サッカー日本女子代表のなでしこジャパンと外国のチームを比べた場合、一人ひとりの選手の能力だけを足し合わせると、もしかしたらアメリカやヨーロッパのチームのほうが強いのかもしれない。ところがうまくチームワークを高めると、自分を犠牲にしても、囮となって誰かに点を取らせるなどして、実力以上の力を発揮します。合宿などで仲間意識を強め、仲良くなって一致団結すると、集団行動というのは、個人の能力を足しあわせたものよりも大きな力を発揮することがある。だからたまに弱小チームがスター選手を揃えたチームを打ち破ることがあるわけです。これを国レベルでやると、その国は大きな力を発揮する。その意識を共有するのに交通インフラをつくろうと考えたのがナショナリストですが、それは正しいんですね。

ただ、一方でこういう動きもあります。そういう大きなインフラをつくるためには、大金がかかる。そのコストはみんなが税金などのかたちで負担しなければならない。南の道路をつくるのに、北の人たちもお金を出すことになります。

ということは大きなお金を動かすために、みんなで少しずつ負担することに同意をする必要がある。もし南にダムや道路をつくることになり、北が「あいつらが得するのになんで俺たちが負担しなきゃいけないんだ」と思ったら、道路もダムもできない。でも「同じドイツ人だから」「同じイタリア人だから」という意識があれば、税負担に同意するわけですね。

そういうふうに、インフラをつくるためにもナショナリズムがいる。逆にナショナリズムをつくるためにも、インフラがいる。両方からみあっているんですよね。

藤井　そういう意味では、インフラ論とナショナリズムを融合するべきですよね。最初に中野さんがお越しになったときに話していたのが、「様々な局面で様々に循環を回す必要がある」ということでした。この循環が途切れているから、インフラ論はインフラ論でストップしてしまっているし、それがストップしているが故にナショナリズムも展開しない。そしてナショナリズムの円環、循環というのは、インフラをつくるというところにもありますけれども、国家レベルのいろいろな貿易政策なども当然同じような構造にあるわけです。それら施策の適切な展開が止まってしまっているのは、この社会科学的な循環において、ナショナリズムの循環という要素を無視しているからだと思います。

中野　そうですね。だってみんなグローバル化、グローバル化といって、「グローバル化は不可避の流れだ」みたいに思っていますけど、これは厳密にいえば不可避でも何でもない。

藤井　やるかどうかですよね。

中野　人間が意図的にグローバル化しようという政策を実行したから、グローバル化しただけの話です。実は戦前はすでにグローバル化していて、そのため戦後になって世界恐慌が起きた。だから戦後は「ブレトン・ウッズ体制」*を構築してグローバル化を抑えるような流れをつくったのに、80年代ぐらいからまたグローバル化がいいということになって、今のようなざまになったわけです。

藤井　まったくそうです。

中野　グローバルに人間が動くとどうなるか。南の人たちのために道路やダムをつくるには、北の人たちにも負担がいるけれど、「えー、そんな負担はいやだ」と言って海外に逃げてしまう。だってグローバリストだから。これでは南のインフラは整えられなくなってしまいます。なんとか平蔵さんは、「じゃあ南の人たちもグローバル化すればいい」などと言う

* **ブレトン・ウッズ体制**…第二次世界大戦で疲弊・混乱した世界経済を安定化させるため、米国と連合国側が主導して、1945年より発効した通貨体制。ドルを世界の基軸通貨として、そのドルに対し各国通貨の交換レートを定めた（固定相場制）。

でしょうが、そう簡単にグローバル化できる人間は、世の中ほとんどいない。もしグローバル化できる人間を勝ち組と呼ぶならば、勝ち組はますます勝っていく。ここから動けないけれど、「このふるさとが好きだからここでがんばろう」という人たちは、どんどん見捨てられるということになる。

藤井　ナショナリズムがどんどん解体されていきますね。

中野　そうです。だからグローバル化は不可避の流れだというのなら、地域おこしなんて諦めろという話です。

藤井　そういう意味で、このナショナリズムというコンセプトは、日本においても学術界においても実務界においても非常に弱体化しています。したがってナショナリズムというものを復活・復権させることが、21世紀初頭における極めて重要なポイントになるだろうという直感がありました。

その直感のもと、いろいろと議論を重ねて出てきたもののひとつが「国土強靭化」です。いま国土強靭化の行政は、政府のなかのナショナル・レジリエンス懇談会というところで議論をしています。これは「ナショナルレベルのリスクに対応するためには、やはりナショナルレベル、国民国家レベルの強靭性が必要だ」という考え方です。「ナショナリズム論に基づく行政政策の展開を図るのが国土強靭化である」という言い方もできます。

一方でアベノミクスでは、積極的な財政政策と金融政策の2本が中心的な対策と言われていました。そのアベノミクスのターゲットは、日本のデフレです。それはアジアレベルでもグローバルレベルでもリージョナルレベルでもない、文字通り、ナショナルレベルのデフレです。だから、アベノミクスは、ナショナリズムそのものなわけですね。財政政策というものはそもそも、日本国政府が執り行うものですから、ナショナルレベルの政策です。そして、日本銀行という存在もナショナルレベルの存在です。この2つを重ねあわせるアベノミクスは、紛う事なき、ナショナルレベルの経済政策なわけです。つまり、ナショナリズムというものを経済政策に導入しようとしているもの、それがアベノミクスなわけです。

そういう意味で平蔵先生がやられていたような構造改革や郵政民営化なんていう議論とは、明確に真逆を向くものです。それらはナショナルなものを無くして、グローバルなものにしようとする取り組みなわけですから。

ただし、平蔵先生は、そんなグローバルなものをナショナルレベルで推し進めようとしているとも言えるわけで、それは、巨大な矛盾をはらむ運動とも言えるわけですね。いわばそれは、自殺的ナショナリズム、と言っていいものでしょう（笑）。

いずれにしても、少なくとも安倍政権誕生の頃に幾ばくかでも意識されていたのは、「ナショナリズム」というものを国土計画や経済政策、国家政策へと反映していこうという方向であったと言うことができるでしょうね。

そういう意味で、わが日本の明るい未来のためには、ナショナリズムをどう適切に混入していくかが本当に大切になっている。このような議論やビジョンは、いまたまたまお話ししているというものなのではなく、中野さんに京都にお越し頂いた、今から3年前の頃からあったということです。

経済学自体が吹き飛んだ瞬間

藤井　さきほども申し上げましたが、いま安倍内閣では「ナショナル・レジリエンス懇談会」という名称の懇談会で、国家的なレジリエンスの確保政策を進めています。このレジリエンスについても、中野先生のお話をお聞きしたいと思っているんですが、いかがでしょうか。

中野　実は私は2009年に京大に行く前、経済産業省におりました。その直前の2008年にリーマンショックがあった。それでああいう事態になって、これまで「財政出動はけしからん」なんて言っていたんですけど、あれでいっぺんに世界の雰囲気が変わって、アメリカの主要な経済学者はいまでも財政出動をしないとまずいと言っています。

藤井　ポール・クルーグマンなどはそう言っていますね。

中野　2008年のリーマンショックの前まで正しいと言われていた経済学は、金融だけでやっていく、財政出動なんて大していらないんだとか、規制緩和して市場に任せていればいいんだというものでした。ところがそんなことをやっていたらリーマンショックが起きてしまった。経済学自体が吹き飛んだ瞬間だったんですよね。今はまたゾンビのように蘇ってきていますが、でも本当は吹き飛んだんですよ。

あのとき日本は麻生政権時、突然、財政出動をしたんです。当時のオバマ大統領も、「グリーン・ニューディール」とかなんとか言って、財政出動をした。ただ、本当はオバマは「グリーン・ニューディール」とは一言も言っていないんですが、どういうわけか日本ではそう喧伝された。「財政出動はけしからん」と言っていた人たちは、引っ込みがつかなくなっていたので、環境関係ならいいということで、それに飛びついたんでしょう。

藤井　「財政出動はけしからん」という風潮がある中で、アメリカがそれをやったということをそのまま伝えれば、そのイメージが壊れてしまう――そうなると都合が悪い、と思った人たちが、意図的に、「グリーン」という言葉をつけて、「オバマは、財政出動をやったけど、旧来型の土木中心の財政出動ではないですよ。あくまでも、環境時代の新しいタイプの財政出動をしたんですよ」という「印象」を作り出そうとしたのではないかと、思います。そうとでも考えなきゃ、日本でだけ「グリーン・ニューディール」なんて、全くの事実無根の「造語」で、オバマのやったニューディールが紹介されるなんてことはありえないでしょうね。もちろん、事の真相は、わかりかねますが……。

中野　私は、これは一過性のものではなく、当分必要だろうと思っていました。しかしそのときはまだ根深い財政出動否定論があった。しかし、グリーン・ニューディールと言っても、環境関係ではそれほど巨額の財政出動はできないんですよ。

藤井　実際に中身を見れば、割合が低い。

中野　そうです。グリーンと喧伝されたわりには、ほとんどやっていません。環境関係は一割以下です。環境関係だけで大規模な財政出動は無理なんですね。

　そうすると、日本でももっと必要なところを見つけないといけない。それには環境関係にも一部含まれますが、ひとつは気候変動で、異常気象が増え始めていたこと、それから調べると老朽化という問題もあった。国土交通省は前から「こんなに財政支出を削減していたら老朽化対策すらできないぞ」と警告を発していたので、この際だから老朽化対策をやる、あるいは防災関係を気候変動に合わせてリニューアルするべきじゃないかと思っていたんですね。そういうふうに地震とか台風とか津波、高潮、河川の氾濫などへの対策をとれないようなところが、産業的にもうまくいくわけがないだろうと。

藤井　それはそうですね。

中野　だとすると産業基盤として、もう一回インフラをリニューアルする必要があり、したがってそういったことを一斉にやるべきだと。これは公共投資に限りません。民間の工業インフラもそうです。電力だって石油だって、工場や設備はもう古くてボロボロですよね。

藤井　高度成長期からもう50年もたっているわけですから。

中野　だからやっぱり事故も起きていた。それらを全部リニューアルするための投資が、デフレ下での景気対策にもなる。「公共投資はムダだ」というなら、ムダじゃないことならやっていいはずです。そうしたことを提案していたにもかかわらず、無視されたわけですね。

それから藤井研究室に行くことになった。「いまは無視されているけれど、やらないとそのうち事故や災害が起こるぞ」と思っていたので、そのときになったら手遅れだけれども、そのときにすぐ動けるように理論的に準備する必要があるということで、経済産業研究所から若干の支援、お金をもらって、レジリエンス検討会というものを開きました。

あれは2010年の後半から始めて、ちょうど5回目の最終回でした。当時の防災研究所の所長だった岡田憲夫先生をお呼びして、岡田先生から「日本の防災はなっていない」という話をうかがったとき、みんなで震え上がった。「これはまずい」「やっぱりわれわれはやらなきゃいけない」と思ったその日が2011年の3月10日だったのです。翌日、東日本大震災が勃発した。あれは別に自分のせいじゃないけれど、「こうなるんじゃないか」と思っていた矢先に地震が起きたので、なんだかもう頭に来ました。「畜生！」とテーブルを蹴って悔しがりましたね。その直後、まだ世の中がオタオタしているとき、藤井研究室では国土強靭化計画の話をいち早く打ち出した。

藤井　あのときは「列島強靭化計画」と言っていましたね。

中野　そして震災が落ち着いて一段落したころ、今度は笹子のトンネルの事故が起きた。要は、「地震防災対策もなってないし、老朽化対策もなっていないから、レジリエンスが必要だ」と言っていたら、その両方が起きてしまったのです。

「決められる力」もレジリエンスの要素

藤井 レジリエンスとは、ふたつの合成概念です。ひとつは「耐ショック性」。なにか被害があると、GDPや生産性がグッと下がる。この谷の深さをできるだけ浅くする。これが防災、減災です。そしてもうひとつが被害からいち早く回復する、柳の木のようにもとに戻る「回復力」。このふたつを合わせてレジリエンスといっています。

実は「列島強靭化10年計画」を提案したとき、並行して、「東日本復活5ヵ年計画」も提案していますが。これもレジリエンスに含まれる計画ですよね。いち早くもとの状態に戻すべきだという回復の話なわけですから。

しばしば「レジリエンスと復興は別だ」と言われますが、レジリエンスのなかに復興が含まれている。この日本国家が強靭な国であると言うのであれば、全力を賭して震災復興をやらなければいけない。それがあって、初めて、柳の木のように、いち早く、元通りに戻れるんですから。ですが、一般の議論では、どうもそのニュアンスが抜け落ちている。

それからさきほど中野先生の話に出てきたリーマンショック。もともと経済レジリエンス研究会というのを経済産業研究所でやりましょうという議論のなかで、メインテーマに上がったのが、リーマンショック後の対応でした。あのときはまだリーマンショックの直後くらいだったので、回復プロセスについての研究が十分進んでいなかったのですが、昨年（2012年）、中野先生がずっと面倒を見ておられた学生の修士論文があって、そこで回復過程のプロセスを研究しました。結局いちばん迅速にリーマンショックの被害を最小化できた、すなわちリーマンショック災害なるものからの復興を早く遂げられた国は、財政出動をしっかりやった国だったという、何とも当たり前の結果が出てきました。これはどういうことか。

当時は麻生太郎政権で、財政出動を決めた。オバマ大統領もグリーン・ニューディールと日本でいわれるものを決めた。並びに中国も巨大な財政出動を決めた。EUのいろいろな国々も決めた。このように「決められる力」もレジリエンスに含まれるのではないか。すなわち、デフレになったら財政出動ができるという政治状況も含めたものが強靭性であり、それができないような国は脆弱な国なのだと。

行政のなかのナショナル・レジリエンス懇談会でも、財務的な行政と強靭化の行政は分離して進めているので、いまのような議論はなかなか成立しないのですが、少なくとも研究者としての理論的な解釈で言うなら、いまのようなことが本当は言えるのだと思います。

中野　藤井先生のご著書をはじめとして、いろいろな本が出ているので、ここでは端折りますが、そもそも公共投資のための財政出動をすると財政赤字が危険な状況になるという話は間違いなんですね。間違いなんですけれども、仮に財政が危険な状況になっても、目的が国家の存亡や国民の生命財産にかかわる場合は、優先的に財政出動するのが普通です。たとえば戦争中に敵から攻められたら、自国を守るために軍艦をつくる。そのためには戦時国債を発行する。でも「財政赤字が心配だから戦時国債は発行しません。占領されたほうがマシです」なんて言って財政健全化を優先するなどということは、普通はあり得ないわけです。財政赤字が心配でも、外国から借金をしてでも、防災対策はやるのが普通の国なんですよ。それを惜しむというのは、相当おかしいですね。

藤井　理論的にいって非常に脆弱な国であれば、そういうことになるんですよ。要するに命を守れない国、ということですよね。

中野　どうしてこういうことになってしまうのかと思いますが、たとえば最近は気候変動のせいか、大きな自然災害が頻繁に起きています。最近もフィリピンでものすごいメガ台風が起きて、目を疑うような状況になりました。ちょうど先月、関西大学の河田惠昭（よしあき）先生たちのグループが、防災関連の学会で、日本も数十年後かに、メガ台風というこれまで想定しなかったような巨大な台風が襲ってくるという予測を発表しました。東京では江東区や新橋など標高の低いところが水没する。だから高潮対策などが全然足りていないという提言を国にしているんですよ。そんな馬鹿なと思う人もいるかもしれませんが、フィリピンでは実際に起きていますし、南海トラフ地震に関しては東日本大震災を目の当たりにした以上、「そんな馬鹿な」なんてことは誰も言わないわけです。だけれども、そういう予測が出ていても、なかなか動くようには見えない。これはまずいと思います。

成功すればするほど叩かれる

中野　土木の先生がおっしゃっていましたが、かつての日本は、伊勢湾台風などがあると非常に大きな被害があった。

藤井　数千人単位で人が死んでいましたね。

中野　しかし、現在はそういうことはほとんどありません。それは土木が治水事業をやったからですね。そうすると大変皮肉な状況が起きる。土木の力のおかげで土砂災害、土木災害がなくなって人が死ななくなると、今度は土木のありがたみが忘れられてしまう。「安全なのは当たり前」「台風ごときで人はたくさん死なない」というのがデフォルトになって、それで叩かれてしまう。

藤井　公共投資などはムダだ、ということになっていく。土木というのは、大衆社会においては成功すればするほどに叩かれる宿命にある。

中野　自分たちの存在意義を、自分たちでなくしてしまう営みであるという面があるわけです。それが叩いて済めばいいけれど、実は気候変動で、50年前につくったインフラの想定を超えるような事態になっているのに、安全なところで安住していた人たちは、公共投資をすることよりも、それによって負担が残ることを恐れる事態になっている。

藤井　強靭性には、いまの基本法案のなかにも明記されていますし、政府の議論でも常に言っていますが、命を守るというのが大きな要素としてひとつあるんですけれど、それ以外に三つの要素があります。そのうち二つはさきほど申し上げた、耐ショック性と回復力ですが、実はもうひとつあって、それが「致命傷を受けない」「息の根が止まってしまうことを避ける」ということです。実はいちばん大事なのはこの点で、要するにデフレを放置しているとだんだん死に向かう。ほとんど死に至る病と言ってもいいような状況、これがデフレという状況です。首都直下型地震だって、これはもう死に至る大怪我になるものであって、このわが国家は潰れうるのだということを想像し、潰れ得るということをしっかりと胆力で受け止めたうえで、それを避けねばならぬというのが強靭化の基本です。

さきほど中野さんがおっしゃっていたように、戦争中には中途半端な財政出動でやると息の根を止められてしまうかもしれないから、ともかく徹底的にやらなければ意味がない。生き残るということに対して、徹底的な執念を持ってやるというか。でも生命ってそういうものですよね。これは命があるものの根源的な、生命存在そのものに結びつくような話だと思います。

それに対する意識が希薄化していけばいくほど、何もしなくなって、財政規律を守ったほうがいいじゃないかということになる。おそらく国が潰れるということについてのイマジネーションと、国家の強靭性というものはつながっているでしょう。これはもう国家に限らず、何もかもです。だからお前死ぬんだぞ、ということをちゃんと理解してもらうのが大事なことなんだろうと思います。

中野　土木批判をしている人は引っ込みがつかなくなってしまっているから、「安全対策や防災は大事です。大事ではありますが、コンクリートではなくソフトで」とかもっともらしいことを言うんですけれど、第一にソフトだけでは無理です。

藤井　おっしゃる通り。もちろんソフトも大事ですけどね。多くの場合、それだけでは無理です。

中野　第二に、「ソフトで」という言い方は、結局、財政出動を惜しむ言い訳に使われるので、うっかり土木の人がそれを認めると大変なことになる。たとえば「ソフトが大事です」と言われて「そうですね、ソフトも大事です」と答えた瞬間、「はい、じゃあソフトだけね、ハードはいりませんね」という話になってしまう。だけどソフトはハードの代替にはならないですよ。これは両方やるのが正しい。

藤井　「釜石の奇跡」で有名な、群馬大学の片田敏孝先生という先生がいます。彼は私の若いころからの20年来の友人ですが、ずっと小中学生に津波が来たらとにかく逃げろと教え続けた。彼は「国土強靭化」ではなく、「国民強靭化」と言っています。津波対策では、国民を強靭化することが大事だと。

ただし彼は国民強靭化の重要性を訴えているだけで、インフラの必要性を訴えていないわけではない。国土強靭化の必要性だって、彼は当然言っているわけです。そのうえで国民の強靭化が大事だということを言っているだけ。僕と片田先生は、それぞれ得意分野があって、ある種の役割分担をしている。僕は小学校を全部まわって子供たち相手にわかりやすく話をするようなことは苦手かもしれないので、そこは彼がやっている。

中野　子供が泣き出してしまうから（笑）。

藤井　（笑）。何にしても、片田先生自身はハードの必要性を十二分以上に認識し、それを前提で教育というソフトのお話をしておられるに過ぎないのに、メディアでは、そう取り上げられない。逆に、片田先生の主張がメディアに非常によく取り上げられたのは、それはいま中野さんがおっしゃったような土木叩きの部分だと思います。つまり、片田先生を紹介することで、メディア側は「ハードなんて要らないよ」という潜在的メッセージを発することに成功するわけですね。

中野　悪用されたんですよ。

藤井　確かに。片田先生が意図せざるうちに、利用されたという印象を受けるときがあります。

中野　だから、さきほどの議論じゃないですけれど、あまりものわかりよくしていると悪用されてしまう。日本における議論はかなり汚い。卑怯です。

藤井　卑怯ですねえ。

中野　「そうですね、ソフトも大事ですね」と言った瞬間に、「じゃあハードはいらないんですね」という議論に巻き込もうとするし、「いや、ハードが大事です」と強調しすぎれば「ハードのことしか考えていない馬鹿者だ」と。何を議論してもほとんどムダ（笑）。申し訳ないけれど。

藤井　そういうところがありますね。

ここまでレジリエンスの話をしましたが、やっぱりソフトとハードという議論が出てきました。実はこのふたつは不可分なものです。ところがソフトとハードという言葉を言った途端にそれを忘れてしまう。ハードはソフトから切り離され、ソフトはハードから切り離される。そして、意図せざる内に、それぞれが個別に議論されはじめてしまう。でも、本来は両者は不可分なものなのであって、この不可分性をきちんと理解することが、築土構木の思想の極めて重要なところなんです。それはさきほど中野さんとお話しした、社会科学と築土構木の話を一体化しないといけないんだという議論ともつながると思います。

インフラが整ってこそモラルが維持できる

藤井　この築土構木と、中野さんがずっとやってこられた社会科学、つまり、いわゆるハードと呼ばれるものとソフトと呼ばれるものの分離が、大きな問題をもたらしている——そのあたりのお話をさらにお伺いできればと思います。さきほど、フィリピンに大きな台風が来て、たくさんの方がお亡くなりになって、さらには食糧が来なくて暴動が起こったりしているという話から、ソフトとハードについての関係が見えてくるというお話がありましたが、そのあたりもう少し詳しくお聞きできればと思います。

中野　僕も報道でしか知りませんが、フィリピンのレイテ島は、「台風ってこんなにすごかったのか」とびっくりするような状況になってしまった。そこで略奪や暴動が起きているわけです。映像を見ていると、食糧も奪い合うような感じなんですね。

その一方で、東日本大震災のときは暴動も略奪も少なかった。自衛隊の支援に対して、みなさん整列して大人しく耐えて待っておられたということが世界的にも賞賛されました。このような日本の被災者の方々の態度はモラルとして賞賛すべきものですが、でも一方で見落とせないのは、単純に「日本人は素晴らしくてフィリピン人は野蛮だ」というように見てはいけないだろうということです。

どうしてそう思うかというと、自分が被災した場合を考えてみるといい。日本の場合は、あれだけ甚大な被災をしたとはいえ、やっぱりどこかで、「復旧は早いだろう」とか、「自衛隊とか消防、地方整備局の人たちが駆けつけてくれるだろう」という期待、予想がある。まあ3日、長くて1週間我慢すれば、なんとか少しは目処が立つだろうというような予測が立っていれば、私だってフィリピン人だって、多分整列して待つと思いますよ。だけれども、1週間たっても食べ物が来ないとか、事態が好転しない可能性が高いとわかっていれば、それは私だって、お父さんとして家族を守るためには略奪くらいしないといけない(笑)。

やはり日本は緊急時に動けるとか、逃げ込める場所があるとか、そういうふうに国家や自治体がしっかりしているし、通信がすぐに復旧するとか、電気が1週間でつながるとか、インフラが整っている。阪神・淡路大震災でも、東日本大震災でも、電力会社も被災しているにもかかわらず、1週間くらいで復旧を成し遂げるわけです。

そういうふうに、こちら側でいろいろな人たちの努力とか、あるいは積み重ねた用意とかインフラがあるから、人々もモラルを維持できて、賞賛に値するような振る舞いもできる。フィリピンの場合は、そういうふうには国が動けないということを多分住人たちもわかっていて、普段の生活をやっているわけですよね。そうするとああいうことが起きれば当然のことながら、生き残るためには略奪ぐらいやるのが本能的に当然だと思います。別に何でもかんでもインフラとか社会のせいにするつもりはありませんが、やっぱり人間のモラルや倫理観と、その人が住んでいる国のハードも含めた環境は、密接不可分なのだと思います。

藤井　そうですね。これはもう、まったく同じことを私も思います。築土構木の議論のなかでは、都市計画、まちづくりというのは非常に重要な要素の一つですが、そこでもしばしば見過ごされる議論があります。

たとえばヨーロッパは街並みにものすごく秩序があるんですね。美しい景観があり、ラーメン屋の店頭の幟みたいな、景観を悪化させるようなものはほとんどなく、自転車や自動車の路上駐車も非常に少ない。歩道の上でも駅でも、人々はいわゆる弱者にとても親切です。よく「こころのバリアフリー」なんて言いますが、僕がスウェーデンに1年間住んでいたころ、ちょうど2歳半の子供がいたんですが、赤ちゃんをベビーカーで運んでいると、ちょっと段差があると通りすがりの人がスッと助けてくれる。自分でベビーカーを持ち上げたことなんてほとんどありませんでした。

中野　へええ。

藤井　そういう意味ではものすごく街もきれいだし、モラリスティックなんですね。心理的な要因として民度が高いからだとされることも当然あります。ですが、その話はもう少し複雑なところがあるのではないかと思う。

もちろん、日本ではベビーカーなんか押してると「お前、邪魔や」と邪険にされる。それは民度の低さ、さもしさのせいとも半面において言えるのだろうけれど、それだけが原因かと言えば、そうは言い切れないのではないか。日本人はお行儀が悪くて、ヨーロッパ人はお行儀がいいということは、一面にはあるでしょうが、さはさりながら、街の整備の仕方が全然違う、ハード的な環境に大きな差がある、ということも事実です。

単にダムとか道路だけがインフラのストックではなくて、そこに公園がどうあるかとか、公共交通がどう整備されているかとか、あるいはバリアフリーがどうだとか、いろいろなところの歩きやすさといったこともインフラです。ヨーロッパの街では人々がガチャガチャしなくたって穏やかに暮らせるような環境が整備されていて、それがヨーロッパ人のそういうモラリスティックな行動を生んでいるという構造が当然あるわけです。

それを考えると、「人に親切にしましょう」とか、「困っている人は助けましょう」とかスローガンを掲げることを、僕はもちろん無意味だとは思わないし、一定のレベルにおいてやるべきなのだろうとは思いますが、「環境が心理をつくる」という構造は、相当色濃くある。心理というものは教化できる側面もあると思いますが、環境の影響も大雑把にいってまあ半分くらいはある。場合によっては半分以上あるかもしれないとすると、立派な国民国家をつくろうとするなら、最低限の秩序ある環境を整えていかなければ、モラリスティックにならない。つまり、「築土構木」こそが、人々の道徳や倫理を育む、という構造があるわけですね。

ブロークン・ウインドー・セオリー

藤井　もうひとつ言うと、逆の構造が「ゴミ屋敷」です。どんな人でもゴミで溢れかえった汚いところに住んでいると心が荒れてきて、口汚く罵り合うようになる。

こういう心理的効果というものを日本人はもう少し認識して、秩序を形成するという意味でもインフラというものにみんなのための投資をする、これを公共投資というわけですけれど、そういうものに目を向ける必要があるのではないかと思います。

中野　そうですね。そういった意味では確かに公共投資批判でも、見るべきものはあります。たとえば「お江戸日本橋の上に高速道路が横切るのはいかにも汚らしい」とよく批判の対象になります。しかし、もしそれを批判するのであれば、迂回するか、地下に高速道路をつくることになる。そうしたらさらに公共投資が必要になる。景観が悪い道路がいっぱいあるという議論は、公共投資の額が少ないという議論ですね、というふうに返さなければいけない。そういうことです。

社会心理学では、治安と環境の問題についての「ブロークン・ウインドー・セオリー（壊れた窓理論）」というのがありますね。

藤井　有名な理論ですね。

中野　つまり割れた窓ガラスを放置しているような街は、そうでない街に比べて治安がよくない。なぜなら窓ガラスが割れたのを誰も直そうとしない街は、そこに住んでいる人たちが荒んでいるのではないかと考えるからです。ひったくりがいるんじゃないかと思われたり、若いあんちゃんたちがそこでウンコ座りしてタバコ吸っていたりすると――アメリカだからそれこそ本場のヤンキーっていうのか知らないけれど（笑）――、そいつらがいると、そいつらに絡まれそうな気がしてくる。きれいなところだったらそうでもないのに。

藤井　「割れたガラス」というのは、「割れた窓ガラスを放っておくくらいだから、ここでは何かしても大丈夫なんだ、監視されていないんだ」というメッセージを、悪事を働こうとしている人たちに対して発する効果を持っている。

中野　だからそういうところでクルマを停めておくと、数分後には車上荒らしに遭ったりする。ところがほかのちゃんとした街で観察していると、クルマを駐車しても、なかなか剝ぎに来ない。本当はそれほどケアしていなくても、窓ガラスが割れていないということをもって、やっぱりお互い、悪く言えば監視ですが、よく言うとみんなでケアしているということになる。これはすごく大事なことですよね。

子供を犯罪から守るには、地域の大人たちの見守りが大事だと言いますが、やっぱり人が多いとか、商店街が生きているというのは、本当に商店街の人たちが見守っているかどうかは別にして、やっぱりそういうふうに見守っているんじゃないかと思わせる社会環境が犯罪を抑止している面がある。

逆に全国展開しているような大きなショッピングモールみたいな――会社名を言うとまずいでしょうから言いませんが（笑）――、そういう巨大な建物とだだっ広い駐車場だけがあるようなところは、監視の目も行き届いているとは思わない。

藤井 実際、おっしゃったような地域のほうが極悪犯罪が起こりやすいと報告している社会学者もいます。

いまの国土強靭化の議論では、巨大地震や老朽化で、人命が失われたり経済的な大被害が起きないようにするために、安全安心を確保しましょうという意味で、築土構木が大切だと認識されることが多い。でも実は築土構木というのは安全安心という原初的／プリミティブな側面を保守するだけではなくて、極めて崇高な倫理的、道徳的、あるいは人間的、文明的、文化的なものを形づくる、巨大なパワーを持っていると思います。

中野 本当はそうですね。

藤井 国土強靭化の議論のなかでもこの部分は、なかなか行政的には議論できていないのが実態です。そして事実、多くの研究者も、この点にいまひとつ気づいていないように思います。ましてや政策担当者に至っては、安全安心というのは行政上、説明責任が果たしやすい。ところが「この地域の民の振る舞いを立派にするためです」なんてことは、なかなか予算が獲得できないこともあって、ほとんど議論がされていない。

けれどもやはり学者や言論人、あるいは本当の政治家であるならば、築土構木による精神性の秩序効果、文化形成効果の重要性を理解する必要があります。少なくとも平安京をつくった昔の日本人、江戸の街をつくった当時の日本人は、そういうところまで見据えて築土構木をしていたはずです。

中野 それは例のグローバリズムの議論と関係しているかもしれませんね。「英語を覚えてグローバルに外へ打って出て、いろいろなところを転々として暮らしましょう」みたいな話です。それは国境の束縛から自由になることだ、みたいに言われていますが、普通、まともな人間であればそんなことをしていたらホームシックになりますよ。

藤井 そうですね（笑）。

中野 ところがホームシックになるような人間は、グローバル化の世界では、なんだか負け犬っぽい感じがするんです。しかし私に言わせればホームシックにならない奴のほうがイカレている。

藤井 それは「ホームシックになれない病」でしょう。

中野 そう、そっちのほうがやっぱりどうかしている。どうしてかというと、人間のキャラクター、人格、アイデンティティというのは、生まれ育った環境と切り離せないんですよ。「自分の性格はこうだ」とか、「私は私でありたい」なんていくら粋がったって、あなたが言う「私」は、まわりの環境によって形成されたところがあるわけです。人間はジャングルのなかで狼に育てられれば狼と同じ鳴き声で鳴くようになる。それくらい環境によって左右される。それを脱ぎ捨てて、グローバルに活躍できるっていうのは無理がある。

環境から切り離されては生きていけない存在

中野 なんだか哲学的な議論になってしまいますが、「私（セルフ）」というものは、そのまわりの環境と密接不可分で、環境と自分とセットで「私」なんだというのが近代までの考え方なんですが……。

藤井 それを切り離して、動けると思っている。

中野 そうです。主観と客観は別で、切り離せるという考え方が広まった。そういう考え方をすると、客観から切り離された主観というのは、自由にどんな環境にも行けるはずだから、グローバルになれるはずだ、コスモポリタンになれるはずだ。それはいいことだ、みたいなことになって、結局、みんなでホームシックになって不幸になっている。

ホームシックにかかると負け組になってしまうので、そうなりそうで焦る連中というのは何をやるかというと、狂ったように働いてお金を儲けて、「俺はこんなに金持ちなんだ」「こんなに女を抱えている凄い人間なんだ」と誇示する。

藤井 そういう人、よく見かけますね。京都は田舎ですから、そんな人ほとんど見たこと無かったように思いますが、東京に来たらいっぱいいて、びっくりしました（笑）。

中野　ニューヨークなんか、もっといっぱいいるわけですよ。グローバル資本主義で、ムダに金持ちになって、ムダに強欲になって、コンマ0・01秒の瞬間をはかってトレードするなんておかしいじゃないですか。なんでおかしいかということと、環境と切り離されて自由であると思うことは関係しているんです。

藤井　遺伝子という言葉を使うのが適切かどうかわかりませんが、われわれの生命のかなり深いところには、「環境とともに生きていく」という生き方が書かれているんだと思いますよ。

中野　そうだと思います。

藤井　それなのに、個々の人間を環境から無理やり引き離してしまうと、気が違っていかざるを得ない、と思う。実際にそうなると、実際には何物をも示していない「お金」だけを見て、その数字が増えるのを見て喜んでしまう、いわゆる守銭奴になってしまう。大地から切り離されると人が狂うということは、先人たちが、文学、哲学、いろいろなところで繰り返し説明してきたことです。それを理解していない。

中野　グローバル化が未来的なあり方であるというようなことが言われているのですが、哲学的にはむしろ、主観と客観を切り離して、主観が勝手にあちこち行けるという考え方は、相当古い、遅れた考え方なんですよ。

藤井　実はミクロとマクロ、あるいはハードとソフトの循環、あるいはナショナリズムとインフラ、国土計画も循環という話ですけれど、これはいまおっしゃった言葉でいうと、主観と客観、主観と環境の循環のことですよね。

中野 それらの相互作用です。

藤井 主観が環境に働きかける。働きかけるけれど、主観そのものは、環境によって形作られている。この無限の循環のなかにわれわれは生きていかざるを得ない。それがわれわれの生のかたちであり、人生や社会とはそういうものです。

「どう生きていくべきか」というテーマに答えるのは、文学や社会科学の役目だと思いますが、築土構木も、この循環のなかで生きやすいような生命のあり方を探るというふうに考えなければならないと思いますね。

そういう意味で中野先生がやってこられたナショナリズムと社会科学と、主に私どもが研究してきた築土構木というものを、組み合わせるというか循環させないことには、実は何も始まらないわけです。というか、築土構木の研究をしているのに、社会科学をやっていない人間はおかしいわけで。

中野 本当はおかしいですね。

藤井 社会科学だって、インフラのことを考えていない社会科学はおかしいわけです。だから、インフラや環境のことを無視した社会科学っていうのは、どこかで気が触れて、守銭奴にでもならざるを得なくなる。だからこそフリードリッヒ・リストなんていう19世紀の社会科学者は、インフラのこともきちんと理解しながら経済学、社会学をやっていた。

今回は中野先生と「築土構木と社会科学」という切り口で議論したわけですけれど、最終的には生命と環境との循環という、ある意味、至って「当然の結論」と言って良いものになりました。まあ野生動物を引き合いにだせば、そんな生命と環境の循環っていうものを、本当に身体全体で理解しているんでしょう。そんな循環っていうものは、それくらい当たり前のことなのだと思う。ビーバーだって、アリだって、ネコだって、どんな動物でもやっている。そんな、動物としては当たり前のことを、われわれ人類は、知性でもってやっていこうとしているのであって、そういう循環の中で環境を整えるという行為こそが、築土構木ということなんだろうなと改めて思いました。これはもう何千年も前から言っているような話ですが。

中野 だからさっさと財政出動してくれという話です（笑）。

藤井 まあ、それは置いといて（大笑）、いずれにしてもこういう議論はそれぞれの文脈でやっていくしか仕方がない。どうせそのうち死ぬけれど、死ぬまでの間は循環をしましょうということですね。またこれからも循環をご一緒できると幸いです。

中野 はい、よろしくお願いします。

藤井 ありがとうございました。

第2章

インフラ政策とレジリエンスの国富論

柴山桂太×藤井聡

柴山桂太（しばやま・けいた）

1974年東京都生まれ。滋賀大学経済学部社会システム学科准教授。京都大学経済学部、同大学院人間環境学研究科博士後期課程単位取得退学。専門は経済思想、現代社会論。著書に『現代社会論のキーワード　冷戦後世界を読み解く』（共編、ナカニシヤ出版）、『グローバル恐慌の真相』（共著、集英社新書）、『まともな日本再生会議』（共著、アスペクト）、『静かなる大恐慌』（集英社新書）などがある。

経済発展におけるインフラの重要性

藤井　今回は、滋賀大学経済学部の柴山桂太先生をおむかえいたしまして、築土構木の思想に関していろいろとお話を伺いたいと思います。どうぞよろしくお願いします。

柴山　よろしくお願いします。

藤井　ご存知の方は多いと思いますが、柴山先生は京都大学の佐伯啓思先生の研究室を出られまして、経済学や経済思想を長くご研究しておられます。最近では『静かなる大恐慌』（集英社新書）という本を出版しておられます。

まず柴山先生にお聞きしたいのは、経済学的なところからです。いま世の中では、アベノミクスなんていうことが言われております。このアベノミクスにいたるまで、日本の経済の歴史では、あるいは経済史の裏側にある経済学史というべきでしょうか、そこではいろいろな紆余曲折があって、あるときは公共投資というものの経済性、政策性が重視されたり、あるときは全否定されたり、あるいはそれがもう一度復活したりと、いろいろな流れがありました。まずは公共投資やインフラ政策と、経済思想との関係をお聞かせください。

柴山　インフラと経済発展の関係は、社会資本の理論として一昔前までは盛んに研究されていました。今も戦前・戦後の日本の経済発展にインフラ投資がどう貢献してきたかをめぐる実証研究はありますし、途上国の経済発展にインフラが重要だということは開発経済学の分野でさんざん言われてきましたが、最近は土木などのハードなインフラよりも、教育などのソフトなインフラを重視する研究が増えている印象があります。

ただ、経済発展に土木インフラが重要なのは、間違いのないことです。経済学には200年以上歴史がありますが、インフラ設備が重要だということに関しては、ほぼ一貫してみんなそう言っているんですね。近代経済学の父であるアダム・スミスも『国富論』の最後に、政府のやるべき仕事について述べていますが、土木は軍事や司法、教育とならんで重視されています。

藤井　なるほど。

柴山　この場合の土木というのは、主に道路と水路ですね。当時のイギリスではまだ道路がきちんと整備されていなかったから、国内の商業活動が十分にできない。その結果、都市と農村が分断されていて、国民経済の健全な発展が阻害されていた。運河や港についても、まだ十分ではなかった。こういう公共設備は地元のニーズを把握している地方行政が率先して整備した方がいいと言っていますが、大きく言えば政府の仕事に数え入れています。至極もっともな話ですよね。

藤井　アダム・スミスがインフラについて語っていたのですね。「国富論」ですから、文字通り国を富ますことを考えれば、基礎的インフラが必要なんだと主張するのは非常に自然な流れですね。

柴山　基本的な考え方はアダム・スミスが全部提出していると思います。スミス以降も、一貫してインフラが大事だという話になっているんだけれど、一方でスミスは国債をたくさん発行してまでインフラを整備するということについては批判的でした。インフラの整備に政府が積極的に関わるべきだということは、経済学の長い歴史の中でおおむね認められているものの、租税収入の範囲を越えてまでやるべきかといえば、主流派経済学はスミスの時代から、ほぼ一貫して「それは駄目だ」という立場です。

公信用がまだ弱かったということもありますし、またスミスの時代には外国の投資家に国債を買われてしまうと、安全保障の問題が生じる懸念もありました。当時はオランダがイギリスの商業上のライバルで、オランダ人がイギリスの国債を買いしめてしまうと、立場が弱くなる。金を貸すほうが強いですからね。それから政府が際限なく国債を発行してしまうという危険がある。今の日本でも言われていますが、似たようなことは当時から言われていました。

だから政府の財政にいかに規律をもたせるかということが、その後の経済学の主要テーマになる。スミスの少し後のリカードという経済学者は、今に通じる財政規律の考え方を打ち出しました。19世紀には金本位制が経済学の教義となりましたが、金本位制は国の通貨発行をその国の金の量と固定するわけですから、政府は無駄遣いできなくなります。こういう形で政府をがっちり縛ることが重要だと考えられた。今の経済学では金本位制はさすがに否定されていますが、財政規律のルールが重要という考え方は引き継いでいます。

ケインズが示したもうひとつの道徳

柴山　このように経済学はずっと、「インフラ整備は大事だ、しかしそのために国が借金をするのはよくない」という考え方できたんです。いまもそうですね。

藤井　いまは完全にそうですね。

柴山　ところが一回だけそれがひっくり返ったことがあります。20世紀前半のケインズという経済学者ですね。

藤井　「ケインズ革命」のケインズですね。

柴山　先ほどの流れから説明すると、ケインズは、国が借金をしてもインフラ整備をすることが許されるどころか、積極的に必要だという理屈を作った人です。もちろんケインズだって、いつ何時でも国が借金していいと考えたわけではない。ケインズの『雇用・利子および貨幣の一般理論』が出たのは1936年です。1929年に世界恐慌が始まって、デフレ、大量失業などの経済の大混乱が続いていた。所得格差もひどくて、金利生活者が安定した金利収入を得る一方で、企業家や労働者は苦しい生活を強いられていた。

ケインズが積極的な財政出動を正当化した背景にあったのは、まずデフレです。いったんデフレにはまると、経済は自動的にそこから脱出することができない。加えて、いくら金利を下げても民間の投資が全然起きないという経済の低出力状態が続いていること。こういう非常事態では、政府は積極的に財政出動しなければならない。国が借金を増やして、インフラへの公共投資を行うことは積極的に正しい、これは善なることだと主張してこれまでの議論をひっくり返したんです。もちろんインフレで民間投資が旺盛なときに政府が公共投資を増やすと、本来は民間が使うべきお金を政府が使ってしまうわけですから、インフレがひどくなってしまいますよね。だからあくまでデフレ圧力が大きい場合に、政府の財政は拡張されるべきだ、と。この考え方は、当時でも激しく批判されましたし、いまも批判されます。というのは、当時の大蔵省もいまと同じで、緊縮財政なんですよ。

藤井　それはもちろん「省是」がそういうことになっていたんでしょう。省の設置目的が無駄遣いをさせないことですから。

柴山　当時は「大蔵省見解」といって、国の財政規律が重視されていた。当時のイギリスはいまの日本と同じで、すごく国の借金が多かったんです。第一次世界大戦で、イギリスは莫大な借金を作っています。当時のイギリスの国債残高は、国民所得の２００％内外で、ほとんど前例のない事態だった。大蔵省としては、借金はこれ以上増やせないとなりますよね。これは一般市民にも受ける考え方なんですよ。いまの日本も同じですね。

藤井　わかりやすいですからね。

柴山　借金が膨らんでいるのにさらに借金することには抵抗があります。自分の生活に引きつけて考えると、借金があるのに景気が悪いからといってさらに借金を増やすというのは、倫理的に間違っているとなる。

藤井　そういう質素倹約をよしとする考え方は、われわれに染みついていますよね。日本人というか、人間の本能かもしれない。

柴山　倹約のほうが道徳的に正しいと思ってしまう。ましてバブルが弾けたあとの不況だと、「バブルのときにあんな馬鹿騒ぎをしたから、こんなことになったんだ」と反省する気持ちが生まれる。だから、清貧の思想でいくべきだという風潮が強くなる。日本もそうでしたし、いまのアメリカやヨーロッパでもそういう世俗道徳は根強いですね。

藤井　万国共通なんでしょう。

柴山　でもケインズは、そういう道徳心が一般的には正しいことを認めた上で、それとはまた違う道徳がありうるということを示したんですよ。不況期に政府が金を使えというケインズの主張は、一見すると不道徳に見える。しかしバブル後のデフレを伴う不況という非常事態になると、失業が大量発生するので、特に若者や地方在住者は仕事が見つけられなくなるわけですね。仕事をしたくてもできない。それが長期化すれば、若者がキャリアを築けずに苦しんだり、国内の格差が広がったりして、弱いところにしわ寄せがいくわけです。政府が公共投資を行うのは、そういう不道徳を是正する意味もある。

それから国際的な視点で見ても、余力のある先進国が公共投資を行って内需を拡大することは、世界経済を助けることになります。輸入の絶対量が増えますからね。

藤井　貧乏な人のものを買ってあげるということですよね。その部分なんですけど、ジェイン・ジェイコブズというアメリカの哲学者がいます。

柴山　ずっと在野の研究者だった人ですね。

藤井　彼女がまとめた本に、道徳について考えた『市場の倫理　統治の倫理』（日経ビジネス人文庫）というものがあります。プラトンの『対話篇』のパロディのような対話形式で書かれた本で、日本のものも含む古今東西の文献から、善と言われているものを列挙してみんなで議論していく。彼女はその本のなかでこういう発見をするんです。

一般的に、どこかの文脈でいいことだと言われていることは、その「裏」も必ず、また別の文脈のなかでいいと言われている、っていう法則がどうやらある様だ、という発見です。たとえば「倹約」もいいと言われているけれど、その真逆の「気前の良さ」もいいと言われている。逆に言うと、「倹約」を「ケチ」と言い換えると、ワルイ意味になる。「気前の良さ」も「無駄遣い」と言い換えると、ワルイ意味になる。さらに言うと、「平和主義」である事はいいと言われるけれど、別の文脈では、それは「臆病」と言われ、「勇気」がある事が尊ばれる。でも「勇気」というものも、別の文脈では「野蛮」であったり「暴力的」であったりして忌み嫌われたりする。

そんなこんなを、色んな文脈から引っ張ってきてリスト化していくと、どうやら、そういう「美徳」は、二つの大きなグループに分類できる、という事が見えてくる。ジェイコブズは、その一方のグループが「市場の倫理」であり、もう一方のグループが「統治の倫理」である、と名付けていきます。

善と悪は立場によって真逆になる

藤井　つまり、そうやって見えてきた事は、「経済」において道徳的なものは「政治」においては不道徳であり、逆に「政治」において道徳的なことは、「経済」では不道徳である、という「法則」だったのです！　たとえば政治においては、徹底的にその土地にこだわるのが善です。人々は生まれ故郷に徹底的にこだわりますし、国家間の「領土」の紛争というのは政治における最も中心的な問題です。ところが経済においては、土地に対するこだわりはない。土地は商品であり、売り飛ばすことができる。しかも、商売人は、どこに行ったってビジネスができる。自由な空間移動は、商売の基本的なルールなのです。あるいは、経済においては取引は善、だけど、政治においては取引は時に「賄賂」と言われ、最も忌み嫌われる行為になる。

こんなふうに善と悪が、それが市場の問題なのか、統治の問題なのかということによって真逆になる。
彼女はケインズそのものについては言及していなかったと思います。しかしおそらくケインズは、市場の倫理も統治の倫理も合わせ持ち、その都度スイッチしながら考えるべきだと思っていたのではないか。マネーを発行したあとは市場の倫理かもしれないけれど、発行して世に流通するまでは統治の倫理じゃないか。多分そんなことを言ったのではないかと解釈できるのではないでしょうか。

柴山　まさにケインズは、その二つを国家の両輪としながら、状況に応じてどう組み合わせるかに心を配った人だったと思います。統治の倫理が一方的に正しくて、市場の倫理が一方的に間違えていると考えたわけではない。

藤井　組み合わせの問題ですよね。変に組み合わせると、これは最悪になるとジェイン・ジェイコブズも語っています。
たとえば贈収賄というのは、統治の倫理のなかに市場の倫理を入れることですし、あるいは商売人が商売のつもりで選挙に出て、統治をする……。

柴山　日本でも起こっているような……（笑）。

藤井　これはもう絶対にやってはいけないと彼女は言っています。変に混ぜると、悪のなかでも、とりわけ巨大な「巨悪」が起こる。だから、市場の倫理と統治の倫理という異なる二つの善悪システムをどう、文脈にあわせて的確に使い分けていくか、という事が大切になる。

サッカーの試合で野球のバットを持ってきても仕方が無い。だけど、野球の時には素手でバッターボックスに立つのはバカですよね。状況、文脈に応じて、使うべき倫理をきちんと使い分ければ何も問題は起こらないわけです。彼女は生きるということは、あるいは社会というのは、そういうものなんだと語っています。だから、倹約が善となる文脈もあれば、気前が良いことが善となる文脈もある。それを踏み間違えたら、デフレは永遠に脱却できなくなる。つまり、「気前よさ」が尊重される統治の倫理で振る舞うべき政府が、一般市民の市場の倫理で善とされる「倹約」に過剰にこだわるからこそ、デフレから永遠に脱却できなくなってしまうわけです。

柴山　ケインズの話ばかりになってしまいますけれど、面白いのは、ケインズはマネートレーダーでもあったんですよ。通貨投機のプロ。いまでいうFX、通貨の先物取引を一時期盛んにやっていた。実際にやってみたことで、気づいたこともたくさんあったのでしょう。後にケインズは、短期の資本移動が、経済を著しく不安定にするということにとても自覚的になっています。第二次大戦後に国際経済の新秩序、後にブレトン・ウッズ体制と呼ばれる仕組みを考える段では、ホットマネーの流入を抑え、資本移動を規制することで各国政府が国民経済を管理しやすくする仕組みを作ろうとします。自分のやった仕事から、かえって自分の仕事を否定するような論理のほうに行く。これは面白いことです。

藤井　ケインズが稀有なのは、彼は経済学者だと言われていますが、実は本当は違うことですよね。経済理論は書き残したけれど、経済学者ではない。

柴山 ケンブリッジ大学で長く経済学を教えましたが、プロフェッサーじゃないんですよね。ずっと講師だった人です。大学にずっといたら退屈すぎて死んでしまうというタイプの人だったので。投資はする、芸術家とは交流する、古書や美術品は集める、行政には関わる、ジャーナリズムでも活躍するという、とても活動的な人だった。

藤井 さらに言うと、いわゆるケインズ理論を、イギリスのチャーチルにいくら説明しても、全く理解してもらえない、だったらしょうがないってことで、大西洋を渡ってアメリカのルーズベルトに会いに行ったりする。

柴山 問題は、ケインズの考え方では対応しきれない事態が生じたということです。1970年代くらいまではケインズ主義で行けたんですが、その後は否定されるようになる。オイルショックによってインフレと不況が同時に発生するという、新しい事態が出てきたんですね。これでケインズ主義は有効性を失ったと言われるようになった。よく「ケインズ殺し」と言われますけれど、経済学の世界では最近まで、ケインズはもう完全に過去の人という扱いだった。影響力が大きすぎたために、かえって反動も大きかったわけです。いまでもアメリカでは、ケインズ主義といえば社会主義という風潮が根強くあります。

藤井 多分、多くの経済学者、エコノミストは市場の倫理「だけ」を是とする人々なんでしょうね。一方で、ケインズは政府の役割を論じた。言うまでもなく、政府は、市場の倫理でなくて統治の倫理で振る舞う「べき」存在です。だから、ケインズにとってみれば、政府は、質素倹約な振る舞いをすべきではなく、気前よくカネを使うべきだと論じた。統治の倫理から言えば至極真っ当な主張です。だけど、市場の倫理だけを信じている経済学者たちには、全く理解されなかったんでしょうね。

柴山　結局、アダム・スミス以後の経済学の歴史で、政府が失業者を積極的に救済したり、国債発行を増やしてでもインフラを整備すべきだという考え方が支配的になったのは、戦後の一時期だけでした。貿易や資本移動の管理という考え方も、ブレトン・ウッズ体制が終わった後は、もう誰も見向きもしない。

ただ2008年のリーマンショック以降、流れが少しずつ変わってきたように思います。「ケインズの復活」と言われていますが、1930年代と似たような時代状況がふたたび出現していますからね。特にデフレです。日本は15年もデフレが続いていますし、アメリカやユーロ圏でもインフレ率が下がって、デフレ一歩手前という状況です。

1970年代以後は、景気の調整は金融政策を中心に行うべきだとされていますが、今の先進国を見ても量的緩和だけでは景気は劇的に改善しない。株などの資産価格は上がっても、賃金は伸びない。ゼロ金利にしても民間投資は不活発。逃げ足の速いお金が、少しでも高いリターンを求めて、地球上を駆け巡っている。こういう状況です。

経済ショックの影響は遅れて出てくる

柴山　これからどうなるかわかりませんが、今後も経済の低出力状態が続くとなると、政府がもっと役割を拡大していくべきだという考え方が、復活せざるを得ないのではないかと思いますね。マスコミでは、世界経済は順調に回復に向かっていると言われています。特にアメリカは復活に向かっていて、量的緩和も出口戦略を模索し始めた。しかし私は、今の景気回復が本格的なものだとは思えません。

藤井　体質上、アメリカの経済がよくなっていける潜在力があるかどうか、ですね。

柴山　やはり2008年のリーマンショックは、1929年の恐慌と同じくらいの世界史的なインパクトのある事件だったと思うんです。日本はバブル崩壊後に「失われた10年（20年）」を体験しましたが、それと同じことが今度は世界全体で起こるかもしれないという状況なんですよね。昔と違って、危機後は政府が大胆な財政・金融政策をすぐに打って景気の極端な落ち込みを防ぎましたが、経済の低成長化は覆うべくもない現実です。

藤井　アメリカではそのカウンター勢力として、保守系の市民運動であるティーパーティーの流れが来ています。

柴山　政府は無駄遣いをやめろという発想の典型です。むしろ政府のせいで景気がよくならないんだ、となる。

藤井　日本の民主党政権誕生の背景にも、それに近いところがあった。

柴山　いまのアベノミクスの「三本の矢（金融緩和、財政出動、成長戦略）」にまつわる議論にしても、どうなるかわからない。

日本は、一足早く、バブル崩壊後の不況と低成長を体験していて、欧米よりも一周先に来てしまったという見方もできるんです。だから日本の事例を振り返ると、これからバブルが崩壊した欧米で何が起きるかがわかる。日本の場合、バブルが弾けてからデフレに入るまでに結構な時間差がありました。株のピークは1989年、土地価格のピークは1991年ですけれど、最初はすぐに景気回復するんですよ。

藤井　そうですね。97年か98年くらいまで、かなりよくなっていた。

柴山　94年、95年はすごくよかったんです。成長率も3％くらいに戻ったし、株価も2万円台を回復した。そこで当時の村山、橋本内閣は緊縮財政に舵を切った。日本が本当にデフレに入るのは98年からです。何が言いたいかというと、巨大なバブルが崩壊した後の後遺症って、時間をかけて現れるということなんです。日本の場合は89年から考えると9年後、91年から考えると、7年後なんですよ。

アメリカを見ると、サブプライム危機による住宅バブルの崩壊が2007年、リーマンショックによる株価の暴落が2008年ですね。日本の経験をそのまま当てはめると、2014年から2016年くらいが山なんですね。もちろん、アメリカの方が大胆な経済政策を打ったので、時期に差は出てくると思います。ただ、民間の債務圧縮は簡単には止まらないので、似たような構図が形を変えて繰り返される可能性は高い。かつての日本と同様、アメリカでも景気が良くなってきたものですから、債務の上限をつけて緊縮財政にせよとか、金利も引き上げていこうという政治圧力も高まっている。だからけっこう危ない。

藤井　しかもティーパーティーとか、あるいは民主党政権における「コンクリートから人へ」の流れがないときには、財政出動を通して内需拡大をしながら金融緩和をしたのかもしれないけれど、いまは政治的な流れで財政出動ができなくなって、金融緩和だけが進んでいく。すると暴走しうるマネーの量がどんどん増えていってしまって、これが新たなリスクを生み出していく恐れがあります。

柴山　もうすでに生まれていますね。新興国に流れ込んだ緩和マネーの引き上げで、世界経済もまた不安定になってきた。

藤井　流れ込んでそこで安定していればいいけれど、マネーというのは市場の倫理で動きますから、そこに絶対固着しない。必ず流れ出てしまいます。ですから金融緩和だけを偏向してやっていくというのは、実は近未来におけるリスクをつくり出しているという構造にあるわけですね。

柴山　そうですね。実体経済と金融経済のバランスが明らかに崩れています。実体経済が主役で金融経済がそれを支えるというのが本来あるべき姿ですが、今は金融経済の方が実体経済を振り回している。この構図を、国レベルでも世界レベルでも元に戻さないといけない。このとき政府の公共投資は、うまくやれば大きな力になり得ると思いますね。

都市部の公共事業だったらOKなのか？

藤井　もちろん、いまの話は経済政策についてであって、場合によってはすべての財政出動を政府の「消費」に使ってもいいかもしれないし、あるいは「社会保障」に全部使ってもいいかもしれない。いままでの議論だけを踏まえるならば、別に何に使ってもいいわけです。

ですが、たとえば日本の場合デフレギャップと呼ばれているものは「数十兆円オーダー」であると言われている。そんなことも見据えながら、何に使うかといったときに、それこそリニア新幹線、これは10兆円プロジェクトです。これに投資するとなると、なるほど10兆円オーダーで使えますね、ということになります。つまり、今日のデフレギャップの大きさを考えると、インフラ政策というのは、かなり有望な支出項目だ、ということになる。

さらに、インフラの場合は、様々な効果を発揮する、ということが客観的に明らかな場合が多い、というメリットもある。たとえば、「消費」というのは、読んで字の如く、使えば一瞬で消えて無くなってしまうものですから、何かを政府が「消費」するというだけでは、巨大な効果を発揮し続けるということの保証がとりづらい。でも、インフラは、一旦できれば、何十年、何百年にわたって、その効果を発揮し続けることができる。実際、東海道新幹線は、日本経済そのものを爆発的に成長させる力を発揮したし、今日の日本経済を、文字通り下支えする巨大な存在にもなった。同じことは道路や港にも言えるし、さらに言えば、ダムや堤防といった、経済には直接関係がないものでも、それがあるおかげで洪水は抜本的に減少した。実際、洪水の発生確率は、ダムや堤防が未熟だった戦後すぐの時代に比べれば、現在は激減している。この洪水の減少、というインフラ効果は、間接的に日本経済に巨大な肯定的インパクトを与え「続けている」、と言うことができる。そんなこんなを考えると、理性的な議論を粛々と重ねるだけで、政府支出項目の中でかなり優先順位の上位のところにあがってくるのが、この土木、公共政策、インフラ政策であるはずなんです。普通に考えると。

柴山　今のお話に付け加えると、いま日本で公共事業の評判が悪いのは事実ですが、そういう人たちの意見をよく聞いてみると、都市部の公共事業はＯＫなんですよね。渋滞や交通過密、上下水道の整備など人口密集によって発生するような問題については、「もっとお金を使ってくれ」という意見があるわけです。実際、東京都の猪瀬直樹知事（当時）は、もともと道路公団の民営化推進論者で、いまは東京オリンピック推進ですからね。別に彼が特別という訳ではなく、東京でカネを使うということに関しては、世論はむしろ求めているんですよ。

藤井　地下鉄なんか、東京では「ジャカジャカ」と言っていいくらい造られている。それに対して「あんなムダなもの、東京の地下に造って、自然を破壊してる」なんて反対意見はほとんど限られている。「20分かかるところを16分で行けるようになった」と喜ぶ人のほうが多い。

柴山　いま日本で起こっているのは、「選択と集中」といえば聞こえはいいけれど、「人口過密の大都市で、必要があるところにだけ公共投資を集中させろ」と、こういう議論なんですよね。人があまり住まない地域で道路を造ったり、治水にお金をかけたりするのはムダである、とこういう論理になっている。

これは実は危険な話です。国民国家は、都市と農村、要するに地域による経済格差を埋めていくことで徐々に形をなしてきました。地域によって生活水準がまったく違うとなると、国民としての連帯意識を確認できなくなる。国民である以上、最低限の生活が政府によって保証されるというのが国民国家の大前提ですから。

藤井　たとえばシンガポールのような小国は、都市だけがあって、あとはほとんど何もない。土地も極めて限られている。でもそれでやっていけるわけです。生産が極端にできていなくて、結局輸出をGDPの2倍以上、輸入をその同じくらいやって、若干の輸出入ギャップでGDPを稼いでいる。

柴山　人口が1億を超える日本のような国の場合、国際分業の前に、まず国内分業がしっかり出来ていないと国がまとまりを維持できないんですね。18世紀以後の歴史は、都市国家が国民国家になっていく歴史でした。要するに点が線になり、線が面になるという形で国家は形成され、成熟していく。しかしいまは面が線になり、線が点になっている。

藤井　退化していっている。

柴山　東京は金融などのサービス業だけで食えるのかという話になってくるわけです。

藤井　もともとＴＰＰというのは、シンガポールから言い出した話です。どちらかというと、そんな貿易を主たる産業とする都市国家の論理です。単純化すればですが、国民国家の論理とはちょっと乖離している。震源地がそこだというのは象徴的です。

柴山　アダム・スミスがどうしてインフラが必要だと考えたかと言うと、国民経済が重要だからです。これはもうアダム・スミスが絶対的に正しい。インフラを整備し国内の分断状況を改善していけば、農業、工業、サービス業が、あるいは都市と農村が均等に発展していく機会が得られる。これこそ、政治が一番気を配らなければいけないところなんです。スミスが重商主義を批判したのは、大都市だけが肥大化して国家がいびつになるからです。それは健全な経済の姿ではない、とスミスは「国富論」で繰り返し論じています。今も重要な考え方です。

国民がインフラをつくり、インフラが国民をつくる

藤井　さらに続けて、国家とインフラのあり方について掘り下げていきたいと思います。国民という概念とインフラとは、循環的な構造がありますね。国民がインフラをつくり、インフラが国民をつくる。われわれは、この循環を何十年、何百年という時間スケールの中で展開させて、歴史をドライブさせている、ということだろうと思いますが、柴山先生としてはいかがでしょうか。

柴山　国民意識がどのように成立してきたのかは、社会学の重要なテーマですね。

われわれが当たり前のものと見なしている国民意識は、歴史的に見るとそんなに古くからあるものではない、というのがナショナリズム研究の共通認識となっています。国民意識がいつ頃から生まれたのかは論争が絶えませんが、日本で言うと江戸の末期から明治にかけてが、大きな転換点になったのは間違いない。もちろんその前から国民意識の「種」はあるけれど、この列島に住む全ての人々が、自らを国民の一員として自覚する、アイデンティファイするようになったのは近代以後のことです。

この転換は、何によって生じたのか。公教育の普及や、新聞などの印刷メディアが出現したことなど有力な仮説がいろいろありますが、インフラの整備も無視できない。明治に入って政府がまず何をしたかというと、インフラの整備なんですよ。特に鉄道です。

鉄道は、西洋列強による植民地支配の入り口でした。鉄道の需要は大きいですから、この経営権を手に入れる。鉄道は「帝国主義の触手」だったんです。ちなみに日本も、後に満州に対して同じことをしましたけれど、幕末においては日本がその対象だった。しかし明治政府は西洋列強による鉄道建設の申し出を断って、日本人技術者を育成して国産でやることにこだわった。イギリスから建築技師を呼んでくるんだけど、なかなかいい人で、大工を集めてきて日本の技術を使ってやろうということになった。明治五年という早い段階で、もう最初の鉄道が開通したんですよね。

藤井　たとえば、日本人最初の近代土木技術者と言われている井上勝という人に着目すると、ナショナリズムとインフラの関係がよく見えてきます。彼は、明治政府の命の下、東海道線をつくっていったんですが、彼は井上馨(かおる)、遠藤謹助(きんすけ)、山尾庸三(ようぞう)、伊藤博文など、長州藩からヨーロッパに極秘留学した、いわゆる「長州ファイブ」のひとりでした。

イギリスで伊藤博文たちが政治学を勉強して、議会制民主主義なんかを学ぶかたわら、近代土木技術を勉強した。それで日本に帰ってきて、非常に若いにもかかわらず、政府から「お前、勉強してきたんだろう」と命を受けて鉄道をつくった。それにはまず東京と京都を結ぶことが大事だと、東海道を鉄道で結んだんです。この論点はいま忘れられがちですけれど、京都と東京を結んで帝の交通を保証すると同時に、きちんと大阪・神戸まで通した。あわせて、京都と敦賀を結んだ。日本海側の敦賀は満州やロシアとの接点になりますから。さらには、東京から東北線を延ばしていった。
そうやって日本という国をつくっていこうと政府は考えて、莫大な留学費を使いながら、自前の技術者を育ててやっていった。本当に明治黎明のころに、われわれ日本人がしたことです。

柴山 藤井先生も京都ですが、京都には、琵琶湖の水を京都市内に引っ張ってくるためにつくられた疏水（水路）がありますよね。琵琶湖疏水。あれも確か20歳くらいの若者がつくったんですよね。

藤井 それが田邉朔郎です。彼はまだ学生だった頃、卒業論文に京都に疏水をつくったほうがいいと書いたら、政府に「お前、これをやれ」と言われて、「えっ、僕ですか？」となった。

柴山 その疏水を使って、水力発電所までつくったんですよね。エジソンが発電所をつくってから、まだ20年も経っていなかったんじゃないかな。

藤井 ものすごく新しい技術を導入したんですよ。当時、東京遷都で京都がさびれそうになるのを明治天皇が慮って、その大御心を理解した政府の人々が、じゃあそれを復興するために何ができるだろうということで、琵琶湖疏水とか、市電などをつくっていった。非常にナショナリスティックな話なんですよ。

柴山 日本の近代化は世界史で見てもかなり重要なケースです。国外の技術や知識を、国内にもともとあった技術や知識と融合して国産化を進めていく。これは一種の「翻訳」なんですね。今の途上国は、こういうことをしないんですよ。手っ取り早く外資をもってきて技術を導入し、安い労働力とくっつけて輸出して儲ける。現在では先進国と途上国の技術水準が違いすぎるので、他に方法がないとも言えるんですが、日本はそうではなかった。独自に技術者を育成して産業の国産化、ナショナリゼーションを進めていった。

藤井　その卒業論文を書いた田邉朔郎という人は、京都の小学校では知らない子供がいないくらい、今でも、ずっと学校教育で教えられています。彼がどこに勤めていたかというと、わが京都大学土木教室の黎明の教授だったんです。その末裔として大石久和先生とか、太田昭宏国土交通大臣とか、いろいろな人がおられて、僕もその末席です。ですからわれわれは、そのナショナリズムの直系の教室にいる、というわけです。明治の人々の「国産化しよう」という思いがあったればこそ、京都大学の土木教室がある。

柴山　大学教育でも、まず外国人を雇ってきて、後に日本人に切り替えていく。海外の知識をどんどん「翻訳」して、日本語で学習できるようにするんです。インフラのような社会資本だけでなく、大学のような知的資本も国産化していく。これが明治における重要なモデルでした。ところが最近は大学教育も外国人教師に任せようとなっている。

藤井　今やわが京都大学も外国人教師を100人雇うとか、総長は外国人でもいいとか。

柴山　日本がいかに国家を形成してきたのか、その歴史が忘れられています。ある種の自己否定が始まっているんですね。

藤井 その自己否定が、いま整備をしないという流れのなかで、脆弱化を極端に進めているという構造があるわけです。

柴山 そうだと思います。

急激な都市化は人口減少をもたらす

柴山 日本は、インフラ投資によって経済発展の基礎を築いた重要な事例ですね。一昔前まで日本の開発経済学者は、日本の事例をもっと海外に発信すべきだと考えていました。最近では、下火になってしまいましたが。ここで強調すべきは、インフラ整備が経済発展にとってだけでなく、国民意識にとっても重要だったということです。日本海側から太平洋側まで、北海道から沖縄まで道路網や電力網をしっかりと張っていく。それを官民一体で進めていったことが、国民意識の形成に大きく貢献しました。

ということは裏を返すと、地方の道路や鉄道があちこちで寸断されたり、老朽化して利用できなくなったりすると、国民意識もゆるんでくるということになりますね。

藤井 都会の人間は都会のことばかり考え、各地域の人たちは地域のことばかり考え、相互交流がなくなって、その結果として、都市間での「ガチのケンカ」が始まってしまう。すると図体のでかい都会が勝って、地方は敗れつづけ、どんどんさびれていく。シャッター街が広がり、人口の流出も激しくなって、都会は過密でむちゃくちゃになる、というのが戦後民主主義の成れの果てとしての今の国土の姿です。

柴山 その割に、大都市の人たちは、国内産の安全で質のいい野菜や肉を欲しがる。欲しいのなら、地方にもっとお金を回さないと。

藤井 責任感が必要ですね。「くれくれ」だけではどうしようもない。魔法なんてそもそもどこにも無いんだから。

柴山 インフラが無ければ、国内の農産物も都市に来ない。都会で上がる税金を地方に還元する仕組みをもっと肯定しないといけないですよね。

藤井 これ、どこかで議論したような気もしますけれど、いまは地方からの人材の流入を促すことを通して、都会が肥大化している。

柴山 地方は都市の人材供給源でもある。

藤井 だからトータルで考えて、どこかでバランシングをしていかないと、両方ともとんでもなく脆弱化して終わってしまう。過疎は言わずもがなですが、過密にしたって脆弱化です。

柴山 これはいま問題になっている少子化とも関係しています。少子化問題の解決を考えるなら、まずは大都市への人口集中を是正する必要があります。昔から都市は子育てに向かない環境なんです。都市化と少子化の関係は、人口学でも確かめられていることです。現に、アジアでも急速な都市化の結果として、少子化が進んでいる。タイなどまだ発展途上にある国でも、少子化が問題になっていますね。人口は増えすぎても減りすぎてもいけないんですが、安定的に推移するためには、都市と地方のバランスがとれていることが大前提なんですよね。

藤井 ある生物の集団がどういうふうに繁栄したり滅んだりしていくかという生態学の研究がありますが、繁栄していた生物種が、環境に適応できなくなってある時に一気に滅んでしまう、という現象はよくあることです。

柴山 古代文明などを見ても、文明崩壊が過剰な都市化によって起こるケースがかなりあるようです。

藤井 マクロを見るとそうですし、ミクロでいうと、こんな例があります。ものすごい不良の子たちを集めて教育する、ヨットスクールみたいなものがありますけど、それよりも効果的だとしばしば教育界で言われているのが、森のなかに学校をつくることだそうです。森のなかに学校をつくり、森のなかで生活する。それだけで、というと大げさですけれど、そういう環境では、荒れた子供たちがものすごく穏やかになっていくそうです。

これは都会とは真逆の環境ですから、都会で蓄積したいろいろな澱(おり)のようなものが全部とれていくのでしょう。本当は発達心理学などでとらえていくか、実験を重ねなくてはいけない話でしょうが、少なくとも現象としては非常によく報告されていることです。

いずれにしても、都市化というのは、人間に相当なストレスを強いているのであって、それはいつか崩壊へとつながる萌芽を宿しているともいえるのかもしれません。

予期せぬショックに対して強靭な社会を

柴山　話は変わりますが、藤井先生がいま取り組まれている国土強靭化、経済レジリエンスは、例えば震災で太平洋側の道路が寸断されても、日本海側ルートがあれば、ここから物資を輸送することができるというものですよね。ルートが複数あるのは平時には無駄に思えるし、効率が悪いと考えられがちだけれども、震災リスクが大きいと見込まれる場合には、道路網が網の目のように張り巡らされている方が、復興を迅速に行うことができて国家の存続には望ましい。これはインフラについてのみ当てはまるのではなく、経済全体を考える時にも重要な論点だと思います。

今のグローバル化した金融主導の経済では、今後もリーマンショックのようなことが頻発すると考えられます。グローバル化によって各国の金融市場が緊密に結びついていますから、地球のどこかで起きる危機が瞬く間にこちらに連鎖してきて、日本がダメージを受けるわけですね。低成長が続いていることで、よく成長戦略が必要だと言われます。もちろん成長も大事なんですが、それよりも今後、発生がみこまれる経済ショックに対して強靭な経済社会を構想するのが、いまの日本だけでなく、世界全体の課題だと思います。

危機がほとんど起きないのなら、効率に合わないものは無駄ということでもいいのかもしれない。無駄のない、ピンと張った糸のように交通網をつくるとか、在庫を極端に減らした経営ですね。でもショックがあることを想定すると、スラッグというか、ゆるみのある社会にしておく必要があるのではないか。長期的な存続を考えると、そういう危機管理の視点を、経済や経営に取り込んでいかなければならないと思います。

藤井 合理性というものを理念上定義しようとすると、そこには視点、あるいは前提が必ず必要です。どのパースペクティブで合理性を論ずるのかということです。

たとえば明日のことを全然考えなくていいのなら、今日の合理性だけを考えて、もう好きなものを腹いっぱい食べるのが合理的でしょう。しかし20年後の健康を考えたら、粗食にするのが大事だなということになります。

そういう意味では、いまの効率性という議論は、合理性というものをとてつもなく短期で考えることが前提になっている。

柴山 短期かつ局所的な合理性ではなく、長期かつ全体的な合理性が重要なんですね。

藤井 長期、広域で、合理性とは何かを考えることが必要なのは、ちょっと考えれば誰でもわかるはずなんですが、ついつい忘れがちになる。

心はいかにして回復するか

柴山 レジリエンスという考え方はもともと経済学ではなく、生態学、エコロジーの分野で70年代からずっと議論されています。

生態系は、例えば山火事とか火山の噴火で、時に破局的な局面を迎える。その後で、生態系がすぐに復元するところやしないところ、あるいはまったく別の形に作り変わるところなど、いろんな分岐がある。これは何が違うのか、という問題意識ですね。

心理学でもレジリエンスは重要で、私が読んだ本によると、例えばナチスのホロコーストに直面した子どもたちを追跡調査して、深い心の傷を負った子どもが、その後どういう人生を歩んだかを調べてみると、そのまま心の傷が癒えずアルコール依存症になった人もいれば、わりと普通に日常生活を送っている人もいる。外傷的な体験をした後で、人生の経路が分かれるのは何が違うのか、こういう研究はけっこうあるようですね。

藤井 「サイコロジカル・レジリエンス」ですね。たくさん研究があります。

柴山 生態系でいうと、生物種の数が少なくて多様性が低いと、脆弱なようですね。たくさんの種類があって、ニッチがあって、寄生している動物がいて、というような複雑なトランプの構造みたいになっている生態系のほうで、回復のダイナミズムが見られる。

藤井 場合によっては、新しいステージに行けるということだってありうる。

柴山　これは経済について考えるときにも、かなり重要な論点だと思います。生態系のレジリエンスを経済レジリエンスの論理に持ってくるには、まだいろいろ論証が必要な部分もありますが。ただ、ここ最近の日本の改革論とか、あるいは新自由主義と言われるものは、無駄を切り捨てて効率化していこうという発想が前面に出すぎているように思うんです。この場合の無駄というのは、先ほどの話では……。

藤井　短期・局所的な意味で利益を生まないもの。

柴山　そういうものを社会で温存してはならない、ということになる。この発想で行くと、しわ寄せが来るのは地方ですよ。食料も海外から買った方が安いし、工場も海外に行ってしまう。

藤井　短期・局所的には、都市に比べて地方のほうが不要ですからね。

柴山　棚田なんて、効率・非効率で言えば非効率ですからね。でも棚田には生態系の、それも自然の生態系だけでなく文化の生態系にとっても重要な意味がある。もともとエコロジーとエコノミーは語源は同じなんです。

国民経済を生態系になぞらえると、今はそれが随分と破壊されてしまったわけですね。産業の種類は少なくなっているし、地場産業は衰退しているし、お金や人の流れも滞り始めている。ショックに対する脆弱性が高まっていると思うんです。

日本は封建制の時代が長く続いたので、地域経済の自立性が高いところから近代化を始めています。地方によって特産品が違い、文化の色合いも違います。この多様性が、日本の発展の原動力になったという理解が成り立つと思います。ところがいまや、大都市にだけ資本と人を集めてしまって、地方が衰退するに任せてしまっている。これを放置すると、日本経済全体の脆弱性はこれから深刻なレベルで出てくると思います。

藤井　「民間が調子の悪いときは、政府はその逆にはたらきましょう」と主張したケインズ的な発想で行くと、地方と都市の関係でいうと、都市は民間がやってくれているのだから、そこにあまりインフラ投資をすることはない。もちろん必要性が皆無というわけではないでしょうけれど、低い。地方においては民間が不活性なんだから、よりいっそう政府が投資をするのが当たり前じゃないか、という議論があってしかるべきですよね。

柴山　まったくそうだと思います。しかも日本列島の真ん中を山脈が走っていますから、インフラの整備に関しては、特殊な技術が必要ですね。藤井先生が『公共事業が日本を救う』（文春新書）でお書きになっているように、同じ先進国でも欧米と日本では国土の条件が違う。そういった観点からもう一度、日本型公共事業の意義を再確認していくことが、いま本当に求められているんだろうと思います。

藤井　さきほど短期的な経済政策としてのインフラ政策の議論がありましたけれど、長期的に考えても、実はこのインフラの投資というのは、国民をつくったり、あるいは強靭な国家というものをつくったりしていくうえで、非常に重要な意味を担うということですね。

柴山　景気対策として行うかどうかという議論を離れても、公共事業の果たす役割は、非常に幅広い分野にわたるんですよね。

「インフラが無駄」は大都市の勝手な論理

藤井　では続いて、国家のなかだけでなく、さらにもう少しグローバルな視点を踏まえたとき、いま世界でどういうインフラの動向が進んでいるのかを見据えながら、さらに広いお話をお聞かせいただければと思います。

これまで経済政策、あるいは経済学的な視点のインフラ政策の議論、ならびに国民という概念、あるいは国力、さらには国土強靭化でいわれている国家の強靭性とインフラの話などを聞いて参りました。こんなお話を聞いていると、なんでインフラはいらないという理論が出てくるのか、さっぱりわからなくなってきますね。公共政策的にもいまデフレで、必要性が高いですし。われわれの感覚からすると、そうなります。

柴山　私がいつも気になるのは、マスコミでよく「無駄な公共事業」と言いますけど、どの目線で言っているのか、ということです。最近、地方で話をしてくれということで行く機会が増えましたが、地方に行くと、道路がその街のライフラインというケースは山ほどある。しかも土木事業者は、ただ道路を整備しているわけじゃない。北国では、除雪作業もやっている。いまは予算がつかないから、みんな手弁当でやってるんです。

藤井　本当にそうみたいですね。

柴山　それを無駄と言うならば、じゃあその地域に人は住むなということなのか。そりゃ大都市の目線からすれば、人口が少ない地域でインフラつくるのは無駄、ということになるかもしれません。しかし地方に住む人の目線に立てば、話は変わってくるはずです。だから何でも予算をつけろというんじゃなくて、公共事業をめぐる議論の仕方があまりにも不作法だと思うんです。

藤井　今行われているインフラが「無駄」という議論は、ゼロかイチかで切り捨てている感じがありますけど、本来なら、「このインフラのほうがより有効性があるのではないか」とか、「そのインフラをつくるなら、こういう対策のほうがいいんじゃないか」とか、あくまでも優先順位の話があるべきだと思います。それこそ戦争中で戦車や弾を買わなくてはいけないときは、八ッ場ダムをつくるよりは、武器を買うほうが先だとか、そういう議論ならば十分に理解できる。だけど、今言われている議論は、そういう優先順位の議論ではなくて、とにかく「インフラが無駄」だという全否定の議論。そう言い切ってしまうというのは、結局、そのインフラを使っている人、そこに住んでいる人全員が無駄ということになりますからね。

柴山　「無駄」という言葉自体が、国内の分断を深くするんですよね。相手の立場に立っていないわけだから。いま起こっている地方分権の議論も、やり方を間違えると国家の分断を深くしますね。道州制はその最たるものです。

藤井　実際、深めていますよね。

柴山　大阪の市長は、富は大都市で産めばいいんだとはっきり言っていますね。そのカネを地方に福祉として回すんだ、という言い方をしている。

藤井　しかも、都市のカネを地方に回すために交付金制度を運用しようとすると、今度は、「地方にカネなんて回しても無駄だ」ってことを言いだします。つまり端から、国民全体で助け合いながらやっていこうなんて気持ちはさらさら無くて、「お前のものはオレのもの、オレのものはオレのもの」っていう発想しかない。でも、そんな中でもカネが欲しいと言ったなら、彼らは「何かよこせ」、と言うに決まってる。

柴山　今は中央政府が税金を一元的に集めて、地方政府に再分配するという仕組みですが、道州制になると財政黒字の州に、財政赤字の州が頭を下げてカネをもらうという、いびつな関係になりかねない。

藤井　新自由主義のトリクルダウン理論（弱者を軽視、ないしは無視し、強者を優遇して儲けさせて、得られた利益を弱者にも「したたり落させる」というしばしば詭弁に活用されてきた論理）の地域版、水平版ですね。

柴山　水平的な財政調整は、ドイツのような連邦制国家でやっていますが、150年とか長い時間をかけて制度を成熟させていますからね。日本が今の垂直型を水平型に変えても、すぐに同じようにはならない。それどころか、けっこうえげつないものになる可能性があるんですよね。

藤井　それだけで、ある種の奴隷を生み出すような関係になりますよね。国家というオーソリティがあって、国民全体を豊かにするという前提のもとで、交付金制度があるのと、「恵んでやるぜ」という議論とはまた全然別ですからね。

柴山　日本は、今のそれなりに安定した豊かな社会状態が、過去の何世代にもわたる試行錯誤の末に生み出されたものだという常識が忘れられているように思うんです。こういう言い方は月並かもしれませんが、過去の犠牲の上に現在がある。たとえば経済でいうと円で生活できるというのは、ものすごいメリットですよ。世界で3番目に強い通貨を持っている。新興国は、通貨の力が弱いために、ものすごく苦労しているわけです。外貨建てでないと資金調達ができなかったりする。日本も、明治時代はそれに近い状態だったわけです。ここから現在までの地位に来るまでに、どれほどの戦争を体験したのか。

藤井　本当にそうですね。

柴山　それが今では、経済特区をつくるとか、外国からの投資を呼び込むとか、まるで新興国のようなことをエコノミストや政府が言い始めている。

明治以降150年間の蓄積を破壊するのか？

柴山　同じことがインフラにも言えて、確かに日本はいろいろなところでインフラの事故が起こっているけれど、比較的安全で恵まれていますよね。教育だって、問題はあるとはいえ、世界でみれば水準は決して低くない。しかも日本語で何の不自由もなく高等教育を受けられるわけです。過去の遺産が今の日本という国家の土台となっているんです。

藤井　すごいことですよ。たとえば、パスポート。僕は20歳前後で初めて外国に行くのにパスポートを取得したときは、パスポートの意味なんて何もわかってなかったけれど、30歳で留学をしたときに、パスポートの有難味を心底感じました。その時の留学先はスウェーデンでしたけれど、あれだけの福祉国家でもやっぱり、当然人種差別はあり得るだろうし、外国人だっていう事で全然相手にされなくても、それはそれで当たり前だろう、と、かなりの不安を抱えつつ留学したわけです。そんなときにふとパスポートを見ると、そこにこう書いてあるんですよね。「日本国民である本旅券の所持人を通路故障なく旅行させ、かつ、同人に必要な保護扶助を与えられるよう、関係の諸官に要請する」。

日本国政府が「こいつは日本人だから、ちゃんと面倒を見てくれ」と頼んでくれている。それを見て「ああ、国家って、ホントにありがたいなあ」としみじみ感じました。イエテボリという街でしたけれど、あそこは大使館に電話すればいろいろなことに対応してくれるのは、本当にありがたかったですね。

柴山　それが国力ですね。

藤井　裸一貫になれば、いろいろな国家的権力のありがたみがすごくわかります。それでスウェーデンは人口800万の都市で、スウェーデン語だけでは経済が回らないので、英語を勉強しないといけない。本も英語の本を読まないといけない。われわれが日本語しか勉強しないのは、何も怠慢だからだけではなく、日本国内だけで経済が成立するから。これがどれだけありがたいことか。

柴山　翻訳を通じて、外国の知識を国産化していったわけです。

藤井　全部日本語化していきましたからね。土木という概念だって、シビル・エンジニアリングという言葉を日本語に置き換えたものです。このシビル・エンジニアリングをそのまま和訳すれば、「市民工学」「文明工学」となりますが、明治の人々はそれをよしとしなかった。あくまでも、シビル・エンジニアリングという言葉が意味する内容を、日本の文化風土の中で捉えなおし、「聖人が、日常の暮らしで大きな問題を抱えた人々を助けるために、その暮らしの環境を土や木を使って整える」という物語を意味する「築土構木」という言葉をベースに、「土木」と訳した。同じようにして、「ライト」を「権理」あるいは「権利」と訳したりして、日本文化の中に、外国語の概念を溶け込ませていった。

柴山　明治時代はたくさん留学生を送り出しましたが、大半が日本に帰って来るんですよね。

夏目漱石なんか典型ですね。そして大学の先生になって、英文学を英語ではなく日本語で教えるという文化をつくっていく。

藤井　今とは文字通り、隔世の感、ですね。今の留学生は半分くらい、グローバリズムのエージェント（工作員）みたいになって帰ってくる。ヨーロッパはまだましな感じですが、アメリカ留学組は、ホントに非道い（笑）。

柴山　いまはアメリカに行って、日本に帰ってきたら英語で授業をするように促されていますからね。明治以降150年間の高等教育の歴史は何だったのか。高等教育を英語化すれば、英語を学ぶ経済的余裕がある人間だけがいい教育を受けて、仕事を得られて、金持ちになっていく社会が出来るだけです。いま途上国が苦しんでいるのは、その問題でしょう。

制度は時代によって改善していくべきもの、新しい世代の経験を踏まえて接ぎ木されていくべきものです。ところが今は、土壌から変えるみたいな改革論ばかりになってしまった。この自己不信はいったい何なのか、というのがいつも気になります。この世界的な経済危機にあっても、日本は客観的に見れば、比較的ましな状態にあるわけです。ユーロ圏諸国のように通貨主権を放棄してしまったわけじゃないし、アメリカのように極端な格差社会になっているわけでもない。いくらでもやりようがあるはずなのに、ゼロベースで改革みたいな話ばかりが出てくるのはなぜなんですかね。

藤井　本当におぞましいですね。たとえばこの間、京都のうちの近所でものすごい洪水があって、川が氾濫しました。最近そういう異常気象が増えていますけれど、たまたまデータを見ていたら、そのときの降雨量は、昭和30年代に約５０００人という死者・行方不明者を出した伊勢湾台風のときよりも遥かに多いんです。だけど、今回は死者は出なかった。これは文字通り、昭和30年代から今にかけて、公共投資で様々な治水インフラを整えてきた事の明確な成果です。つまり、先日起こった洪水一つ取り上げるだけでも、インフラが数千人以上の人の命を救ったんです。だけど、こうやってモノを考えなければ、洪水が無いのが当たり前だとみんな思っている。

柴山　私の知り合いもあの洪水の近くに住んでいて、84歳の人なんですが、「あそこまで氾濫したのは、私の記憶では室戸台風以来だ」と言っていた。室戸台風では全国で３０００人くらい亡くなっているんですね。今回も被害はありましたけれど、戦前とは比較にならない。治水のインフラが整ったためですね。

藤井　そうなんですよ。「ムダじゃないか」と何十年も言われながらも、文字通り、人の命を救うためという使命感で、インフラ関係者は長年地道に投資をし続けた。そしてその結果が、数千人の方々の命を、誰にも気付かれない内に、人知れず、黙々と救い続けている。それがインフラというものだと思います。こういうものを徹底的に蔑ろにする民族は、遅かれ早かれ、必ず亡びるのではないかと思います。

ヨーロッパの文明は「土木文明」であった

柴山　投資というのは積み重なっていくものなんですよね。GDPは1年間の付加価値の総額、つまりフローですから、投資が増えればGDPは増える。でも一方で投資は、ストックとしても蓄積されていく訳で、特にインフラなどの公共投資はそうです。蓄積されていく過程で、技術が前の世代から受け渡され、バージョンアップし、次の世代に引き渡されていく。その意味で、長期間にわたって行われる投資は、経済的な意味だけでなく社会的・文化的、その他の幅広い意味があるわけですよね。

藤井　そういうことなんですよ。僕は、この問題については、いつも思うことがある。それは、「こんなインフラの重要性の話は、大人であれば誰でも、常識で理解することができる話」だという感覚です。しかしその一方で、「子供にはわからない」のだろうとも思う。仮にわれわれの言っている言葉の意味がわかったとしても、なんだかんだといちゃもんをつけて、屁理屈をこね回す、というような生意気な態度を持つような子供なら、インフラの重要性を、全く納得しない、ということはあり得るでしょう。そもそも、そういう「甘やかされたお坊ちゃん」のような子供は、「～のおかげで、生きている」という感覚を全く持たないからです。そんな、忘恩のかたまりのようなガキなら、インフラの事なんて、絶対理解できないだろうと思う。でも、今の自分があるのは、先人たちの実に様々な努力があったからだ、という事をしっかりと理解している真っ当な大人なら、インフラの話を、いとも容易く理解できるはずです。

僕はいろいろな海外の方と、国際会議や論文の共同執筆、共同研究などを通してお付き合いがありますが、アジア、ヨーロッパ、アメリカ問わず、外国の方は、そういう意味で、ホントに「大人」だといつも思う。もちろん、われわれが付き合うのは研究者が多く、かつ、そういう研究者というのは一定の社会階層だから、ということも理由なのかもしれませんが、それを踏まえてもなお（つまり、同じ階層で比べても）、日本人の「子供っぽり」には、ホントに毎日辟易します。

柴山　よくわかります。

藤井　頭がいいとか悪いとかではなくて、もうすごい子供なんです。外国においてインフラの議論は、ここまで幼稚な水準には凋落していない。というより、海外の友人たちに直接日本のメディア上での議論やエコノミストを含めた色んなインテリたちのインフラを巡る議論を説明しても、なかなか理解してもらえない。まさか、日本のメディアやインテリたちが、とにかくインフラなんて要らないなどという、稚拙でばかばかしい議論をし続けているなんて、外国の方には、俄（にわか）には信じてもらえない。

柴山　「インフラ整備は、発展途上国には必要だが、先進国にはハードのインフラではなく、福祉などのソフトなインフラが必要だ」という議論がありますね。ヨーロッパでも、まだこういう議論は根強いんでしょうか。

藤井　一部ではあると聞きます。

柴山　私の印象では、ヨーロッパでもハードなインフラに対する再評価が始まっているように感じます。イギリスなんか、この10年で相当インフラが良くなりましたから。そもそもヨーロッパは、ローマの昔から「土木文明」みたいなところがありますね。

藤井　まさにおっしゃる通り。本当にそうですよ。土木というのは、「文明」という意味ですから。

柴山　シビル・エンジニアリング（土木）のシビルとは、文字通りに訳せば市民ですね。市民生活の基盤を支えるエンジニアリングが土木、というわけですね。実際、ローマ時代から使っている水道や道路などがまだ現役だったりしますよね。

藤井　そうなんですよ。

柴山　ローマの昔から土木投資を積み重ねて出来たのが今のヨーロッパですから。ユーロの問題もあって、主要国はどこも財政拡張が難しいんですが、インフラだけは欧州投資銀行のようなEUベースの機関を使って、投資を増やしていますね。これは東ヨーロッパなど、インフラ整備が遅れた地域が中心のようですけど。

この前、調べたらヨーロッパでもインフラの老朽化が問題になっていて、ロンドンだと水道設備の2割が築150年以上だそうです。欧州委員会の報告だと、今後10年で2兆ユーロ近い投資が必要だとされています。アメリカも同様で、オバマも一般教書演説でインフラの再構築に取り組むと、毎年のように言っていますね。

藤井 本当に、ものすごく積極的です。ことある毎にインフラの話をしている。

柴山 インフラ投資の減退と国力の低下を結びつける議論も出始めています。インフラが劣化したことで、製造業の国際競争力で遅れを取ったのではないか、というわけですね。アメリカの土木学会が発表したところでは、今後5年で必要になるインフラ投資は2兆ドルを超えるとか。日本では、国土強靭化で無駄な予算が増えるとか言われていますが（笑）。

藤井 バラマキだと言われていますね（笑）。

柴山 ヨーロッパだって、2兆ユーロということは300兆円を超えますね。

藤井 かつて日本でも、90年ごろの日米構造協議では、10年間の投資額として420兆円、620兆円という数字があったくらいです。昭和時代の大人はまだ「チャイルディッシュさ加減」（幼稚さ）のレベルが低く、それなりに大人だった、とも言えるでしょう。ヨーロッパともそれほど差はなかったようなところがあるんでしょうね。

柴山 しかも老朽化していますからね。

藤井 さらに地震が来る、津波が来る。大雪が降る。温暖化や都市化の影響で、豪雨もとんでもないレベルになっている。

柴山 繰り返しですけど、文明社会というのはインフラ投資の上に築かれるものです。われわれが古代文明と聞いてイメージするのは、パルテノン神殿とか、ピラミッドとか古代の大きな公共建築物であるわけですね。文明度と建築技術は比例関係にある。建築技術を高め、維持するのは文明の条件という面もあるわけです。インフラ投資による国力の回復は、ヨーロッパもアメリカも取り組み始めている、先進国に共通の課題となっていると思います。

地方ではコンクリートこそ福祉

柴山 問題は日本です。「日本は治安がいいから警官の数を減らしましょう」というわけにはいかないじゃないですか（笑）。治安の維持には、たとえ犯罪が減っても費用を払い続けなければならない。インフラも同じです。日本は交通が便利になったから予算を減らそう、とは簡単にはいかないんですよね。

藤井 少なくとも、維持しなければいけない。

柴山 設備更新にもお金がかかるわけですから。日本が成熟した社会になっていくためには、もちろんソフトインフラも大事です。

藤井 もちろんです。教育も大事。

柴山 だけど「コンクリートから人へ」という二者択一を迫るべきではない。

藤井 まさにその通り。でも、「なぜこれ（公共事業関係費）を削ってこっち（社会保障）にもってこない?」という調子で言われ続けた。

柴山　地方においては「コンクリートこそ人」なんですよ。この言い方は誤解を招くのでちゃんと説明すれば、地方で土木事業に従事している人は、予算が削られても手弁当で除雪作業をやったりしているわけです。あるいは、ここが雇用の受け皿になって、地域を支えたりしている。道路がライフラインになっている所も多い。そういうことを考えていくと、本当は「コンクリートも人も」大事なんですよね。

藤井　当然ながらそうですよね。当然ながらコンクリートというのは、コンクリートを見たいからコンクリートをつくるんじゃなくて、人のためにコンクリートをつくるわけです。人が一番大切なのはわかっているけれど、人を大切にするためには、人に対する直接投資とともに、コンクリートに対する間接投資も絶対に必要になってくるということなんです。

柴山　明治維新以降、日本は土木やインフラの整備と、教育に力を入れて国づくりをしてきた。明治時代に土木と教育のどっちが大事かなんて議論はなかったですよね。

藤井　両方大事に決まっていますから。

柴山　今よりもはるかに国家財政が厳しい中で、外国から借金してまでやった。国づくりというのは、そういうことです。もちろんプロジェクトを精査して優先順位を付けたらいいし、明らかに時代に合わないものは削ればいい。民間に出来るものは民間がやればいいのでしょう。ただ大きな議論の方向として、国づくりには軍事や教育と並んで、土木も大事だという点を押さえておく必要があると思います。日本はまさに、それを柱としてきたわけですから。

藤井　少なくとも国づくりという言葉自体、インフラと教育を完全に包含するもので、インフラと教育のない国づくりなどあり得ません。プレハブで小さなコンビニつくる、っていうような話は、ビジネスとしてはあるかもしれませんけど、それでは国づくりにはならない。国という概念で政策をするのは、インフラと教育、この二つがベースですよ。だから「公共」のための「事業」ということで、「公共事業」と言っているわけです。

柴山　本当は公共投資というのは、インフラ投資だけではなく、広く公共にかかる投資であると考えるべきなんですね。そうすると教育だって公共投資ですよね。概念の見直しが必要かもしれません。

藤井　国内に対しては当然そうだし、軍事というものも当然関係してくる。この三つは、ベース中のベースです。

柴山　だから景気動向によってあまり左右されるべきではない。「景気が悪いから予算を大幅に削りましょう」とは、簡単にいかないものだと考えなければいけないでしょう。そういうコンセンサスさえできれば、あとは税制をどうするか、財政をどうするかという議論ができる。具体論はそのあとについてくると思いますよ。

藤井　本当にそんな話ですよね。だから土木をめぐる議論は、「日本人の常識のレベルがどの程度なのか？」という問題と色濃く関係している。なのに、残念ながら、その日本人の常識のレベルそれ自身が残念な状況にある。

柴山　アダム・スミスは「軍事・司法・土木・教育」の四つを国のやるべき事、としていました。国づくりの基本ということですね。

藤井　そうした土台があって初めて、上部構造としての経済があったり文化が花開いたりとか、そこで相互連関のなかで国がドライブして、発展していく。発展というのは必ずしも環境を破壊するという意味ではなく、精神的にも安定していって、場合によっては環境負荷もどんどん下がっていくということを含めての発展が行われているはずですよね。

柴山　具体的にどんな投資が必要かということは、地域の事情によって変わってくる。でもそれはしかるべき手続きを踏まえて、決めていけばいいわけですね。

藤井　そうですね。

柴山　とにかく、コンクリートか人かという粗雑な二元論はやめて欲しい。

築土構木とは国づくりのこと

藤井　今回、柴山さんから伺ったのは、経済学、社会学、心理学、それから教育、軍事なんかも関係しながらレジリエンスを考えていくということでした。そんな話をしながら改めて感じましたが、人文社会科学と呼ばれる分野のなかで人間が考え尽くしたもので、「土木に関係しないもの」は存在しない、と言ってもよさそうですね。すべて関連している。それらを総動員しながら、いろいろな議論を重ねつつ、土木というものを推進・展開することで初めて国が普通の国になって、普通の暮らしを維持することができて、さらには維持するだけでなく発展していくことができる。

柴山　今回、私は「築土構木」という言葉を初めて知ったのですが、これは当世風に訳すと、「国づくり」ということですよね。

藤井　文字通り、そういうことです。

柴山　この場合の「土」や「木」は具体的な土や木のことに限らず、これまで述べてきた国の土台すべてを含めて考えればいいわけですね。

藤井　インフラそのもののことを言っているわけで、もっと言うと、私たちの環境や「住処」の事を言っているわけです。なかなか世論のなかではこういう議論が浸透していきませんが、少なくともわれわれ学者は、土木を語る上で、こうした「人文社会科学」に関わる議論を重ねていく事がとても大切だと思います。もちろん、具体的な土木政策に落としていくときには、あらゆる具体的な条件を踏まえた実践が必要になるでしょう。だけど、そんな具体的な政策論も、実は、広くて深くて包括的な社会科学的議論、あるいは、思想や哲学によって、全然方向が変わってくる。抽象論と具体論、これを大きく循環させていかないと、国づくりはきちんと進んでいかないでしょうね。

柴山　とにかく日本がこれまでやってきたことを、否定しないでほしいんです。日本でこれまで試してきて、それなりに成功もしてきたモデルを、なぜ捨てなければならないか。過去の歴史の延長線上に次世代の国づくりを考えて行きましょうということです。

藤井　その議論を考えるときに、土木の議論は一番スケールが大きくてわかりやすい議論ですよ。破壊したらもう生活できなくなるわけですから。土木の議論は最終的には国づくりの議論そのものです。どういう国をつくるかというのは、結局われわれがどう生きていくのかということにも関係してきます。われわれは国のなかでしか生きていけません。どこかの国に属さないと生きていけないのですから。実はそんな議論と土木という議論は常に不可分で、コインの表と裏のようにつながっているんだということを、どこかに思いながら、土木の議論をしていかないといけない。逆に言うと、国にかかわるどんな議論をしていても、土木というのを頭のどこかでイメージしながら議論が展開されないと、なんだかものすごくおかしなことになっていくんだろうなと思います。

　ぜひこれからも柴山先生ともいろいろな議論を重ねていきたいと思います。いろいろ多面的なお話を聞かせていただいて、本当にどうもありがとうございました。

補講1　ゲーテと諭吉と土木　藤井聡

文明をつくり、支える土木

今日は「土木とは何か」というお話をしようと思います。

土木というと、「道路やダムをつくったりして、公共事業をやるんだろうな」というイメージをお持ちになる方が多いと思います。もちろん、「土木」と呼ばれる営みでは、実際にそういうインフラをつくったりしていることは間違いありません。しかし、ただ単にインフラをつくることが土木なのか、というと、それは明確に違います。

たとえば何かの機械をつくる技術者の方や、コンピューターシステムのエンジニアは、文字通り、それらを「つくること」が仕事です。実際に、それらに従事する方々も、それを「つくること」が、自らの仕事であると認識しておられるものと思います。ところが土木の場合は、ダムや橋といったモノを「つくること」よりも、もう少し広いニュアンスを含んでいます。そして実際、土木に携わっておられる方も、つくる事だけが目的ではなく、つくる事を含んだより大きな事をやろうとしている、と考えているのが一般的ではないかと思います。直接そういう方をご存じない方には、イメージしづらいかもしれませんが、今日はそのあたりの話をしようと思います。

まず、わたくし事で恐縮ですが、私は土木工学科出身ですが、お恥ずかしながらもともと土木に関して何の興味もありませんでした。高校を卒業する18歳のころ興味を持っていたのは、他の多くの当時の高校生と同様、アインシュタインの相対性理論やビッグバンとかの宇宙論。「光の速さに近づくとどうなるのか」とか「宇宙のブラックホールがどうやってできるのか」などという話です。あるいは15、16歳のころから哲学や社会学や民俗学の本をいっぱい買ってきて読んでは、「世の中の真理ってこうなってるんだな」などとあれこれ考えていました。興味があるのはそういうことで、「ねじを回してモノをつくる」とか、「世の中のしくみをつくる」とか、そういうことには、正直申し上げて何の興味もありませんでした。

そんな自分が工学部に入ったのは、ただ単に入学試験科目に「国語」がなかったのは当時工学部だけだったから、というそれだけの理由です。どうも「国語」だけはどうやっても点数がとれず、仕方無く、工学部にでも行かなきゃ、と考えていたという次第です。

でも、「真理」についてあれこれ考える事が好きだった自分にしてみると、正直、工学部なんてどの学科もつまらなそうなものにしか思えませんでした。でもその中で、「土木」にだけは、何か得体の知れなさ、を感じていました。そして、その「得体の知れなさ」は、私が重大なる関心を寄せていた「真理」とも決して無関係ではないのではないか——という雰囲気をどことなく感じていたように思います。

もちろん、電子や情報や原子力や航空といった華々しい学科に比べると、土木というと何とも地味で、「かっこわるい」というイメージは、色濃く共有されていましたし、土木を受けるなんて言うと、周りからは「えっ、なんで⁉」という反応が多かったですが、工学やるなら、土木以外は、それこそ何の興味もわかなかったというのが当時の感覚でした。

入学後も、「ダムとか橋とか『つくる』っていうのは、しょうもなさそう——道路つくって何が面白いんだろう?」「でかいものつくるっていって喜んでる奴もいるけど、何がそんなに嬉しいんだろう?」などという、土木工学の学生としては相当あまのじゃくな気分を抱き続けていました。そもそも、「工学」そのものに関心が無かった訳ですから、当然と言えば当然ですね。

とはいえ、いろいろと勉強していると、「土木の世界」というのは、ナントカエンジニアのように、「モノをつくってなんぼ」「ただただ、物づくりが好きで好きでしょうがない」っていう様なのとは、かなり違う雰囲気がありそうだ——という感覚が、徐々にわかるようになっていきました。そしてその感覚はやがて確信へと昇華していきます。

そういう風に気づいていったのはどういうことがきっかけかというと、やはりまずは、

「土木」という言葉についてあれこれと考えるようになってからです。

土木という言葉、これを英語でなんというかご存知でしょうか。

答えは、「シビル・エンジニアリング civil engineering」です。

「エンジニアリング」は工学ということですから、これは一旦おきましょう。

土木を理解する上で鍵となるのは、「シビル」という言葉です。

このシビルという言葉、ふだんはあまり使わない言葉かもしれませんが、これは、「文明」を意味しています。例えば、このシビルの派生語の「シビライゼーション civilization」という英単語がありますが、これは、「メソポタミア文明」や「インダス文明」の四大文明と言う時の、あの「文明」という言葉です。

つまり「シビル・エンジニアリング」とは、要するに「文明を作りあげる」という事を意味しているわけです。

築土構木から土木が生まれた

「文明」というと鉄腕アトムで描かれていたような、コンクリートと機械とコンピュータで全てが覆われた社会みたいな感じですが、実は文明という言葉にはもっと深い意味があります。

福沢諭吉の書いた『文明論之概略』という本があります。日本で文明という言葉を使った最初の本ですが、そこで言われている文明とは、野蛮の対比語として用いられています。

野蛮な社会というのは、端的に言えば、人と人がお互いに殺しあったり盗みあったり、だましあったりしている社会です。一方、そういう野蛮な社会の逆方向の社会とは、きちんとした秩序ある社会です。きちんとした街があって、きちんとした家があって、人々も皆、だましあったりせずにお互い助けあって、心穏やかに安寧のうちに、幸福のうちに暮らしている世界——これが福沢諭吉がイメージした文明社会です。

だから、そこにコンクリートがあるとかないとか、何もかも便利だとかどうだとかというのと、文明という概念とは、何の関係もないわけです。利便性が低かろうが効率性が悪かろうが、人々がお互いに助けあい、協力しあいながら、様々な困難にも負けず強くしなやかにたくましく、そして、穏やかに柔和に、時に雄々しく暮らしていく——それが、野蛮ならざる「シビル」な文明社会なわけです。

そして、人々が裏切りあい、奪いあう様な野蛮な社会から、そうでない「シビル」な文明社会に少しずつ改善していく営みが「シビライズ＝文明化」なわけで、これこそが、「土木」という営みなわけです。

そしてこの、野蛮な状況から皆が助けあう穏やかで、安寧ある、幸福な社会をつくりあげる営みである土木は、たとえば、ジョン・レノンが「イマジン」で歌ったような社会を、真剣に目指します。ただし、ヒッピーがフォークギターをもって、いわば「ええかっこしぃ」をしながら、口だけでそんな社会を目指すんだと人前で歌うのではなく、大自然の中で泥と土にまみれながら、誰に褒められるともなく、人知れず、時に命がけで七転八倒しつつリアルにつくりあげようとするんですね。

衣食足りて礼節を知る、という言葉がありますが、衣食以前に、住処（すみか）が無ければ、衣食すらままなりません。そして、その住処を整えるのが土木ですから、土木足りて衣食が足り、そしてはじめて人々の礼節が叶うわけです。そして、その礼節があって、はじめて、野蛮ならざる文明が築きあげられるのです。

だから、人々が互いに助け合う秩序ある文明社会を築きあげるにあたって、どうしてもインフラを整える土木が必要不可欠だ、となるのです。

四大文明がおこったのはナイル川、黄河、インダス川、チグリス川、ユーフラテス川と、すべて川のそばでした。川のそばで暮らすのは便利ですが、川の氾濫にも悩まされます。だからそこで農業のために水を利用できる「利水事業」「灌漑事業」を行うと同時に、洪水になったら困るから堤防をつくるなどの「治水事業」に成功した人たちが、そして、そういう人たち「だけ」が文明化した暮らしを営むことができるようになりました。つまり、ワイルドで野蛮な状況から、文明が始まる時に、土木事業こそが全ての出発点を与えたわけです。

これが土木とは何かを最も端的に表しています。

だから土木というのは、単にモノをつくって、そのモノの性能の高さやスゴさを喜ぶという様な種類のものとは、全く異なるのです。自然の中で社会がどうなるのかを見据えながら、モノをつくるのであって、その目線は、ただ単にインフラというモノに向かっているのではなく、そのインフラが設置される社会であり、その社会全体を包み込む自然、そしてそれらの中で暮らす人々の「安寧と幸福」に向かっているのです。

聖人がなした「築土構木」

土木というものについて、ここまで「シビル・エンジニアリング」という英語の言葉を説明しましたけれど、「土木」という日本語の語源を考えると、より一層、その意味が明確に浮かび上がることとなります。

『淮南子（えなんじ）』という中国の古い古典の哲学書があります。この淮南子の中に出てくる四字熟語の一つに、「築土構木」という言葉がある。「築土」とは土を積み上げていくこと、「構木」とは木を組むことです。つまり土をしっかり固めて、その上に木を組んで、みんなが暮らせるようなインフラをつくっていくことを四字熟語で築土構木と言います。土木という言葉は、築土構木から取った言葉だと言われています。

この言葉は漢詩で書かれた小さな物語のなかに出てきます。どんな話かというと、中国に立派な「聖人」がいて、その人があるとき歩いていたら、苦労している人々と出会った。赤貧にあえぐ彼らが住んでいたのは、やぶ蚊がいっぱい飛んでいる様な劣悪な住まい。雪が降ったらアカギレができて、雨が降ったらすぐ地面がぬかるんで、伝染病が蔓延するようなところ。それを見た聖人は「これはいかん。なんとかせねば――」と思い、彼等のために土を積み、木を組む「築土構木」を行い、その自然環境の中でみんなが普通に暮らせるような環境を整えた。結果、人々は安寧のうちに生きていくことができる様になった――という本当にシンプルな物語が淮南子に載っています。先ほど申し上げたように、この物語の築土構木から二文字とって「土木」という言葉ができたというわけです。

これは非常に重要なことを意味しています。

つまり、「自然に適応できずに、苦しい暮らしをしている人々を助けてあげて、その自然の中でちゃんと生きていけるようにしましょう」ということを目的として、「自然の中での暮らしの環境を整える行為」が土木だということです。そしてそれを成した人物が、「聖人」であった、という点に、土木という言葉の秘密があります。つまり土木とは、知徳の優れた聖人が成すべき、利他的行為であり、さらに言うなら、万人を救済する宗教的行為とすら言いうるものだ、ということなのです。こういう語感は、シビル・エンジニアリングという英語からは出てきません。その語感は、「土木」という言葉をそのまま解釈することでしか得られないものだと言って差し支えないでしょう。

ところで、この漢詩の物語の最後に、築土構木を通して「民を安んずる」という言葉が出てきます。孔子や孟子などの儒教では常に強調されているように、「民を安んずる」というのは、政治の最終目的です。政治、つまり善きこととは何かを見据えながら民を治めようとする行為の要諦は「民を安んずること」です。そして、その民は、この大きな自然の中で暮らしているということが全て前提である以上、民を安んずるためには、大自然の中で彼等の住処を整える「築土構木」は絶対に必要になってくる。したがって政治というもののど真中にあるのが、築土構木だということになります。みんなを幸せにするための政治を執り行うにあたって、最大の武器が土木だと言うこともできるでしょう。

ですから現在の多くの政治家の方々は、民のために一生懸命、土木を考えているわけですし、それは、現在だけではなく江戸時代だって、戦国時代だって、平安時代だって、その時代時代の政治家たちは皆、土木を必死になって展開していったのです。

たとえば織田信長は「治水上手」といって、水路をつくる治水灌漑が上手な土木上手でした。やはり戦争に強い人は土木にも強い。なぜなら水の流れを治めることと、戦争で相手の動きを封じることは似ているからです。両者とも大局観と決断力、実践力が何よりも必要です。同じように「信玄堤」で有名な武田信玄も、土木に強かったと言われています。

さらに逆に、彼等が戦争に強かったのは、土木に真剣に取り組み、その水準が高かったからだと言うこともできるでしょう。彼等は土木において強かったから、限られた土地でたくさんのお米をつくることができ、石高を上げることができた。その結果、領民も皆、豊かになり、安寧の内に暮らすことができ、秩序ある国づくりが進められることとなった。だからそれら全てを通して、国力を他の国々よりも上げることができた。そしてその帰結として軍事力が増強され、領地を拡大していくことができたという次第です。

かくして織田信長は、土木が強かったからこそ、天下統一へと動き出すことができた、と言うことができるわけです。これはあまり歴史の教科書には載っていませんが、われわれ土木を学んだ人間の間では、常識のように言われている話です。

ファウストが見た美しいもの

そんなこんなで、大学を卒業してから、大学で教える立場になったわけですが、そんな中で、土木のすごさ、深さを改めて痛感する出会いがありました。

それが、ゲーテです。

みなさん、ゲーテをご存知でしょうか。『若きウェルテルの悩み』などで有名な人ですが、彼はものすごい教養人で、ありとあらゆる芸術や文学や哲学に精通し、優れた美意識、見識を持っている、もうヨーロッパ史上最大の教養人と言っても差し支えないでしょう。その彼の書いた戯曲が『ファウスト』です。ファウストというのは一人の学者の名前ですが、メフィストという悪魔と契約した彼の生涯を描いた物語です。

彼は、「何かスゴイもの、美しいものを見せてくれ。素晴らしいものを見せてくれるなら、お前に俺の魂をやろう」という契約を悪魔と結ぶ。「瞬間よ止まれ、汝はいかにも美しい！」と叫んでしまうような、文字通り最高のものに触れ、魂の底から満足することができるなら、好きにしてもらっていい、という訳です。

するとメフィストは、絶世の美女やあらゆる富を彼に差し出しますが、ファウスト博士は一向に満足することがない。たとえ満足することができても、それは全て一瞬の満足に過ぎず、永遠の満足ではない、というわけです。

この超長編の戯曲『ファウスト』では、こうした悪魔メフィストとファウスト博士のやりとりが様々に描写されていきます。そしてそれを通して、世の中の「美」なるものとは何なのか、人間精神にとっての真の満足とは何なのか——ということを、博士ファウストと観客が一体となって探求していきます。

そして最後に、ファウストがついに「瞬間よ止まれ、汝はいかにも美しい」と言うシーンが訪れます。何に触れて彼がそう言ったかというと、実は土木事業をやっている人々の姿なのです。

現代人の多くは、このラストシーンに対して、「は？　なぜ？」と思うかもしれません。

ファウスト博士は「土地の者たちが新しい土地を造成するために働いているたゆまぬ努力

の音」を聞くのです。そのとき、彼はハッと衝撃を受ける。俺が求めていたのはこれなのだと。彼は続けて、

「この自由の土地においては、老若男女が常に危険のなかにあろうとも、有意義な年月を送るであろう」

と口にします。それは、「日々、自由と生活のために戦うものこそ、自由と生活を享受するにふさわしい」からです。

つまり、自然の世界にはありとあらゆる危機がある。津波とか地震とか大雨とか、いろいろな危機がある。そういう大自然に翻弄されながら、でもその中で人々が協力してなんとか一生懸命がんばって住処を確保しつつ、生きていく姿、人々が自然に完全に屈服するのではなく、自然との共生を志し、その中でなんとか人々が皆、互いに手を取り合って、努力して生きていこうとする土木の「姿」――それこそが、史上最高の「美しい」ものなのだ、と彼は確信したのです。そして、ファウスト博士は、その美しいものと共に永遠を過ごしたいと心から願い、「瞬間よ止まれ、汝はいかにも美しい！」と叫んだのです。

繰り返しますが、彼は、一生涯をかけて、しかも、「悪魔」の力まで借りて、文字通り、ありとあらゆる美しいものを見てきた人物です。だから、彼が美しいと認めるものは、文字通り、この世の中で考えられ得る最高の美であるに違いありません。つまり、戯曲『ファウスト』は、その長大な戯曲の全てを通して、この「土木」に取り組む真面目な人間の精神と

活動こそが美しいのだという一点を、描いているのです。

「ゲーテ」や「ファウスト」という名前は、日本でもほとんど誰もが知っているほどに有名です。しかし、そのゲーテが、『ファウスト』を通して描ききったのが、実は「土木の美しさ」であったのだという一点は、ほとんど知られていません。

言うまでもなく、ゲーテは、橋の美しさや、町並みの美しさといった「土木構造物の見た目の美しさ」を描写しているのではありません。あくまでも、「偉大なる自然の中で、小さな存在にしか過ぎない人間たちが、手を携えて生きていこうと戦い続ける」という「土木という営為」そのものの美しさを描写しているのです。その姿には、自然に立ち向かわんとする人間の「雄々しさ」も、何もしなければ亡びるしかないひ弱な存在なのだと自認する人間の「謙虚さ」も、人々が裏切りあわずに、互いに手を携え、協力しながら生きていこうとする「協力の美徳」も、そして、生まれた土地、生まれた社会、父親、母親を含めたあらゆる自分の運命を決して呪わず、自身の運命の全てを受け入れ、そして生きていこうとする「運命愛」の美徳も、全て、含まれているのです。

おそらく、「人間がなぜ生きているのか」ということ、あるいは、「人間として生まれてきてしまった以上、真っ当に生きていくとはどういうことなのか」ということと、この『ファウスト』のラストシーンが示唆するところのものとは、余すところなく重なりあっているのではないでしょうか。つまり、「人間とはそもそも何なのか」という最も根幹的なところに、

「土木」というものが大きく結びついているのではないかと思います。

そして、この土木を描写したラストシーンは、人間が、言葉を使いつつ他者と協力的に生きていく「社会的な存在」であると同時に、この大自然の中で生きているという全ての動植物が共有する（環境―内―存在としての当たり前の）「動物的な存在」でもあるという、「両面」を兼ね備えた、「両義的」（アンビバレント）な存在である、という真実を描いてみせたのだと言うこともできるでしょう。動物的存在と社会的存在、あるいは、野蛮と文明という、絶対に相容れることのない、絶対的な「矛盾」の全てを引き受けつつ、かつ、その絶対的な矛盾に人間存在それ自身が引き裂かれないようにしながら、人間として生きていく道を探ろうとする――それこそが「土木」という営為なのです。

そうした野蛮と文明という絶対的矛盾をはらんだ土木という営為は、さながら、細い綱を渡る「綱渡り師」の様に、人間の超絶なる真剣さによってはじめてもたらされるバランス感覚でもって前に進めるものであり（そんな綱渡り師の姿は、たとえばニーチェもまた、『ツァラトゥストラはかく語りき』の中で、畜群たる大衆から崇高なる超人へと繋がる細い綱を渡りきろうとする存在こそが人間なのだ、という形で描写しています）、その超絶に困難な茨の道を、雄々しく渡りきろうとする人間の姿そのものが「至上の美」なのだとゲーテは喝破したのだと言うこともできるでしょう。

「人間というものの存在の本質」に触れる土木

自分が18歳のころ、大学に入る前に土木にいく、と言えば、判で押した様に「なんだかカッコ悪い」とか「ヘルメットかぶってツルハシでも振るのか？」等と（無論、冗談交じりではありますが　笑）揶揄されていたのですが、それでもなお、「いや、カッコ悪くても別に構わない、っていうより、カッコ悪いからこそ、土木がいいのではないか？」と感じ続けていたのは、土木というカッコ悪い言葉のど真ん中に、本当に美しい、人間の真実がある気がしたからではないか――という風にも思えてきます。

先にもお話ししましたが、僕はもともと巨大な建造物をつくることにも興味がなかったし、世の中を変えてやるなんてことにも興味がなかった。ビッグバンとか哲学とか文学とか、そんなものしか興味がなかったわけですが、そんな自分が、なに故に工学のなかでも土木だけを勉強しようと思ったかというと、土木というもののど真ん中に、そういう人間の真実が含まれているのではないかというにおいを嗅ぎ取ったからなのではないか、という気がしなくも無いという次第です。

そして、20代、30代を経て、40半ばとなった今となっては、その間のゲーテや福沢諭吉、淮南子といった、偉大なる先人達の偉業の数々に触れた経験を経て、当時の18歳のころの淡い直感が、正しき直感だったのだろうと確信している、というわけです。

ついては今となっては、次の様に、土木に進むことができた自分の人生それ自体に、感謝の念をすら感じています。

「自分は、真理そのものを直接対象とするような、そんなおこがましい分野に進まなくてよかったのではないか、もしそんな分野に進んでいたら、かえって、真理から遠ざかっていたのではないか——真理にたどり着くには、急がば回れ、さながらファウスト博士の様に、自分自身の精神のあらゆる『ヒダ』の一つ一つを吟味しつつ、世界の様々なものに触れていくことが必要なのではないか。だとしたら、自然と社会と人間の全てを総合的、包括的に捉え、その上で、『善』を目指そうとする『土木』ほどに、真理に接近することができる分野は、他にほとんど見当たらないんじゃないか——？」

こんな風に、おこがましくも、自身が進んだ「土木」という分野を認識している次第です。

これから土木を志す、若い方々がもしおられれば、ぜひそういう広がりのある形で、立体的に土木を捉えてみてはどうだろうかと、思います。

そして既に土木に従事しておられるみなさんにおかれましては、ファウスト博士が見たような、「人間というものの存在の本質」に直接繋がっているものとして、本当にまじめに生きる真っ当な人間の本質に繋がるものとして「土木」という営みがあるんだということを認識しながら、ご自身の仕事に取り組んでいただきたいと思います。土木について、いろんなことをいろんな人々が口にするのだと思いますが、けっしてめげずに、明るく楽しく、いい国をみんなでつくっていけたら、さらには国だけではなく世界もよくしていくことができれば——そんな願いと共に土木というものを認識いただくのも、決して悪くないのではないかと思います。

そして、直接土木に関係してはおられない方々におかれましては、土木というものが一体何なのか、ということについて少しでも考えを巡らしていただくことを通して、わたしたち人間というものは野蛮なる動物に過ぎない存在であること、にもかかわらず、文明的なる存在にもなり得る存在であること、そして、その両者を全面的に肯定し、かつ、その両者を真面目に突き詰めんとする姿こそが崇高なる人間のあり方なのだということに、思いを馳せていただけますと、大変ありがたく思います。

いずれにしても——当方のささやかな心境を申し上げるなら、ファウスト博士が悪魔の力を借りながら生涯をかけてたどり着いた領域に、若いころから粛々と従事できる学問に進むことができた自身の幸運に、心から感謝したいと、感じているところであります。

どうもありがとうございました。

第３章
公共事業不要論の虚妄

三橋貴明×藤井聡

三橋貴明（みつはし・たかあき）
1969年熊本県生まれ。株式会社経世論研究所 所長。経済評論家。中小企業診断士。著書に『目覚めよ！日本経済と国防の教科書』（中経出版）、『三橋貴明の日本を豊かにする経済学』（ワック）、『G0・5の世界』（日本文芸社）、さかき漣との共著、原案小説で『コレキヨの恋文』（小学館）、『真冬の向日葵』（海竜社）、『希臘から来たソフィア』（自由社）、『顔のない独裁者』（PHP研究所）などがある。

インフラがなくて国民が豊かになれるはずがない

藤井　今回は経済評論家、作家の三橋貴明先生にお越しいただきました。三橋先生は、みなさんもよくご存知の通り、いま政府が採用しているアベノミクスというデフレ脱却のための政策の、理論的なバックボーンをずっと長らく主張されてきた先生です。ならびにかなり早い段階から、経済政策としてもインフラ投資をやるべきだというお話をされています。なおかつ『防災立国』（潮出版社）という本も出されていて、「きちんとした国土強靭化を推進することが、デフレ脱却を導くと同時に、日本を本当に強靭な国にするのだ」ということを、テレビ、新聞、ラジオなど各方面にわたって主張されています。

今日は築土構木と経済についてお話を伺おうと思います。ご存知だと思いますが、「築土構木」は土木という言葉の語源です。「困っている人を助けるために土を積んで木を組んで、みんなが安寧のなかで暮らしていける環境をつくりました」という意味で、『淮南子（えなんじ）』という哲学書の言葉なんですね。その思想ということで、やっぱりインフラを語るにあたって、経済、経世済民というものとインフラ政策というのは、もう切っても切れない関係というか、表裏一体の関係にありますよね。

三橋　築土構木というのは経世済民の一部です。経世済民というのは国民が豊かに生活できるようにするための政治ですから、当然、土木で国土のインフラを整備することも含まれていますよね。なぜならインフラがない状況で国民が豊かになれるかと言ったら、なれるわけがないためです。日本にはインフラストラクチャーを軽視する人が多いけれど、そういう人にはぜひミャンマーに行ってほしいんですよ。

藤井 三橋先生はミャンマーに行かれていましたね。

三橋 何回か行っているんですが、はっきり言って道路は穴だらけ。しかも電力供給は不安定。あの暑い国で電力が来ないときはキツイですよ。通信も厳しい。公共交通機関がないに等しくて、基本的にクルマか自転車かバイクで移動するので、もう一般道は渋滞どころじゃなくグシャグシャです。そんな国に、「はい経済活動して、所得稼いで」と言ってもできるわけがない。安倍政権は900億円くらいのODA（政府開発援助）を出して、ミャンマーのインフラを整備しようとしていますが、ある意味で当たり前なんですよ。インフラ整備なしで、日本企業の進出など不可能です。

なんだか日本のマスコミが変だなと思うのは、たとえば「インフラの輸出」とか言うじゃないですか。「原発をトルコに売りました」とか、「ミャンマーのインフラの整備を日本の企業がやります」とか。外国にインフラを売るのは、素晴らしいことだ、となる。なぜそういう連中が自国のインフラは省みないのか。こと日本のインフラの話になると、いきなり「公共事業は無駄だ」とか、「土建国家復活だ」とか、「自民党は先祖返りしている」とか、そういう抽象論を言い出すので、なんなんだろうな、この連中はと思いますね。

藤井　なんなんでしょうね。

三橋　むしろ自殺志願者？

藤井　そうとも解釈できますね（笑）。築土構木は経済活動を支えるベースですから。

三橋　もうひとつはですね、公共投資を増やし、インフラを整備しなければいけないというと、よくこういうレトリックが来るわけですよ。「財政問題があるから公共投資にカネが使えず、インフラ整備ができない」と。日経新聞までもが言いますよ。要は予算がないと。これは全然話が逆で、日本は政府にカネがないから公共投資ができないんじゃないんですよ。公共投資をやらないから政府にカネがないんです。

藤井　この二つは循環している問題なんだと。

三橋　そう、逆ですよ。本末転倒です。どういうことかというと、要するに財政問題云々とは、税収が少ないということです。

　じゃあ、なぜ税収が少ないんですか。もちろんデフレだからです。国民は所得から税金を払いますから、デフレで国民所得が増えない以上、税収も下がりますよ。じゃあデフレ脱却しましょう。そのためにはどうしましょうか。デフレとは、国民経済の供給能力、つまりは潜在GDPに対し、総需要（名目GDP）が足りないという話ですから、需要をつくるしかない。

　デフレとは、バブル崩壊がきっかけで発生します。バブル期、われわれは銀行からお金を借り、土地などの資産を「値上がり益」英語でいえばキャピタルゲイン狙いで買うわけです。この種のお金の使い方は、投資とは言いません。投機です。

英語もちゃんと分かれていまして、投資はインベストメント。投機はスペキュレーションですね。

バブル期に国民が欲をだし、投機をしまくることで資産価格が急騰する。とはいえ、バブルはバブルなので、崩壊します。すると、われわれの保有する資産の価格が暴落してしまうわけですが、銀行から借りた借金は消えないのです。当たり前ですよね。

というわけで、バブル後の国民は消費や投資を控え、借金返済に邁進する。消費や投資とは、まさに名目GDP、すなわち総需要というわけで、国内が需要不足に陥ります。

そこで、政府が増税やら公共投資削減やらをやってしまうと、ますます国内でお金が使われなくなり、デフレが深刻化する。実際、日本は橋本政権がこれをやってしまったわけです。日本のデフレが始まったのはバブル崩壊後ではなく、97年です。

これを理解すると、デフレ脱却のための方法は誰でも理解できます。誰かが消費、もしくは投資（注・GDPになる投資）としてお金を使えばいいのです。とはいえ、デフレ期には民間が率先してお金を使うことはありません。というか、民間がお金を使わないからこそ、デフレなのです。ならば、政府がやるしかないですね。

公共投資を増やせばいいじゃないですか。財源はどうするか。それは建設国債に決まって

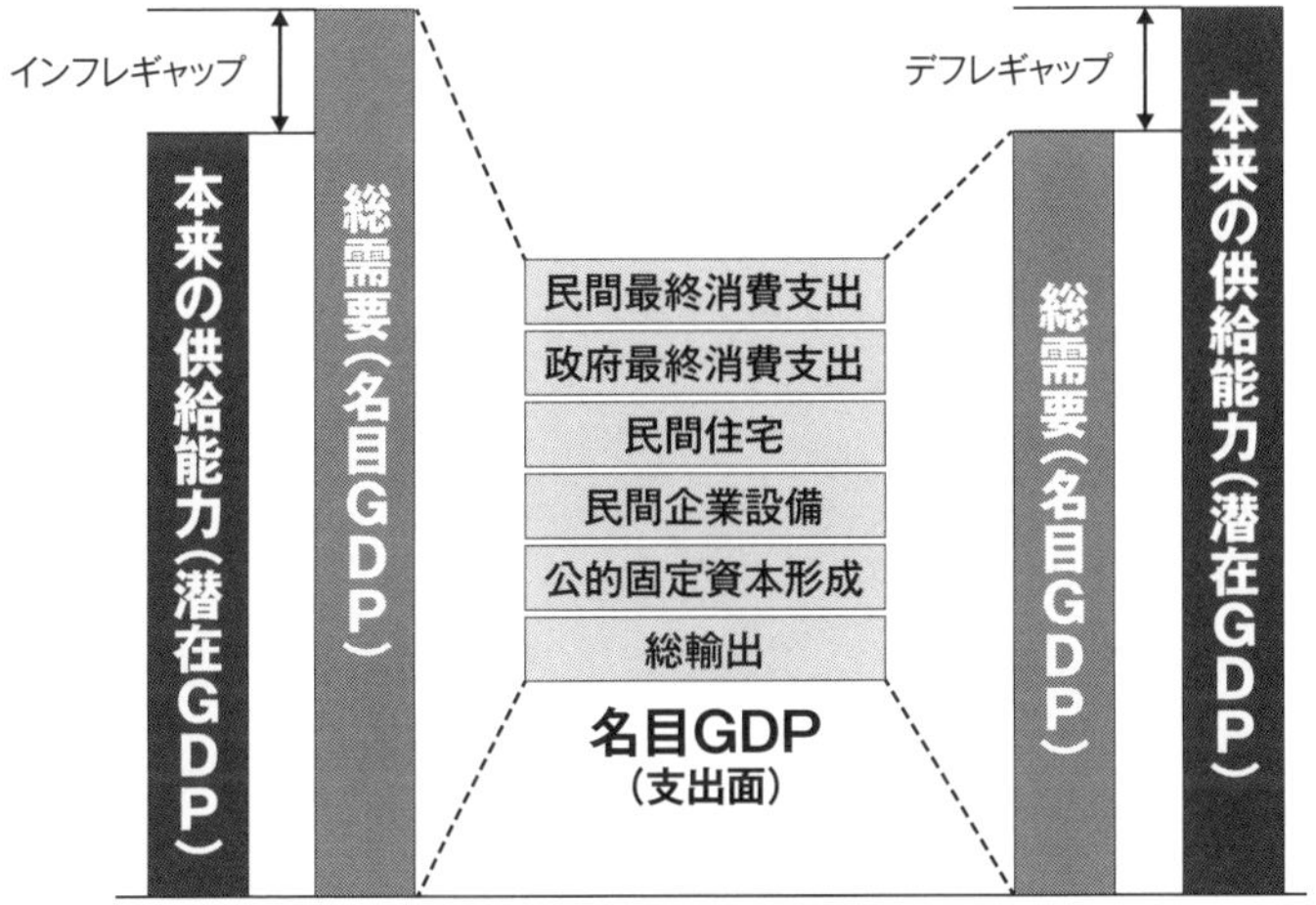

総需要と供給能力の関係

いますよ、公共投資なんだから。国の借金がいやなら、日銀に買い取ってもらえばいいじゃないですか。はい終わり、みたいなね。こういうことを言うと、返ってくる反論が「そんなことをしたら、インフレになるじゃないか!」。だからさっきからインフレにするための話をしている。

藤井　ハハハ。

国の借金問題など存在しない

三橋　むしろインフレになれば名目GDP、国民の所得が増え、政府の税収も増えますから、財政は健全化しますよね。何を血迷っているんだ財務省、という感じですよ。

藤井　1990年の前半は増税をする前ですから、要するに、GDPが同じでも税収が少なかった時代ですが、あのときは税収が一番大きくて、60兆円くらいでした。今は43兆か44兆ですね。

三橋　経済成長率が普通に高まれば、消費税と関係なく、50兆円くらいに伸びるだろうと言われています。

藤井　増税していない段階で60兆円とれていた国ですから、景気がよくなったら60兆以上いける国なんですよね。なんでこれが伝わらないのか、僕らも全然意味がわからない。

三橋　核がバラバラのまま考えるためだと思いますよ。公共投資の額だけ見れば、２０１２年は確か24兆円でしたが、24兆円ってでかいじゃないですか。

藤井　中央と地方をあわせた額ですね。

三橋　公共事業だけでは、どのくらいなんですか。

藤井　一番多くて中央政府で15兆です。

三橋　それは小渕政権のとき？

藤井　そうです。平成10年ですね。

三橋　いま7兆とか8兆くらいですか。

藤井　そうですね、平成24年で7兆ですね。ですから、ピークの半分以下。ちなみに、地方自治体もあわせた、国内の公共投資総額のピークは、90年代の35兆円以上だったのが、一時はおおよそ半分程度にまで激減しました。

三橋　いずれにしても「公共投資に20兆も使っているんですよ！」と言われると、国民は「天文学的数字だ！」となってしまう。国の借金も1000兆円とか。

ただし、その種の指標は数値をつなげて考えなくてはいけない。GDPが500兆の国が、公共投資20兆というのは、むしろ少なすぎるだろうと。しかもこんな自然災害大国で。そういうふうに相対化して比較しなくてはいけない。

もうひとつは、最近、私が発見して流行らせようとしているんだけど、いわゆる国の借金問題。正しくいうと政府の負債ね。あれって、日銀が昨年からずっと量的緩和で買い取っているじゃないですか。だから、政府が返済しなければいけない借金って、いまは実質的にどんどん減ってきているんですよ。まあ国債が日銀に移っているんだけど、日銀は政府の子会社だから、あんなもの返す必要がない。国の借金問題なんて、いまはもう存在しないんですよ、実は。

藤井　しかも1000兆円の内側を見てみると、ほかの国なら借金として積み上げない項目も入っている。

三橋　もうひとつ怪しいのがありまして、社会保障基金。あれも100兆円くらいあるんだけど、中身は国民年金、厚生年金、共済年金なんですよ。政府が政府にカネを貸しているだけ。こういうのも「国の借金！」としてカウントして、本当にいいのかと思う。とにかく入れるものは全部詰め込んで、「はい1000兆円、大変でしょう」ってやっている。非常に怪しいというか、汚いんですよ、やり方が。

藤井　通常、政府の資産を差し引いたうえで「借金」として計上しますが、そういうことをやらないで１０００兆円にしている。

三橋　日本政府は金融資産が５００兆円くらいありますから、一組織体としての金融資産額としては世界一じゃないですか。アメリカよりでかい。そのうち１００兆くらい外貨準備です。残りは先ほどの社会保障基金。共済年金や厚生年金の持っている国債だから、そういうのは、絶対に相殺して見なくちゃいけないんだけど。

藤井　普通はそうしますよね。ほかの国の国家財政なら、多くの日本人だって、そうやってバランスシートで見るでしょうね。でも、どういうわけか、自分の国に対してだけは、そういう見方をしないで、すぐに「政府の負債」だけに着目した言説を吐く人ばかりです。

三橋　全部「借金」に詰め込んでいるわけですよね。しかも日銀が量的緩和で国債を買い取っている以上、返済が必要な負債はなくなってきているのに、それでもそういうことは報道されない。

藤井　その上、日本の大きな問題点は、このデフレ不況の悪影響を過小評価している、という点です。特に問題なのは、もっともそういうことを理解し、発言していかなければならないエコノミスト、経済学者の皆さんに限って、どういうわけか、デフレの悪影響を超絶に過小評価している。

三橋　過小評価されています。デフレがどれほど悲惨な影響を及ぼすか、わかっていない。マスコミは「デフレになると物価が下がりますよ」としか言わないじゃないですか。だから何が悪いんだ、みたいな話になりますが、違いますよね。デフレ期は所得が減ることがまずい。さらに問題なのは、所得が減るとはつまりは企業の利益が減るということなので、次第にリストラクチャリングとか倒産・廃業が増えていき、国民経済の供給能力が減っていくわけですよ。供給能力とは潜在ＧＤＰですよ、竹中さんの大好きな。竹中さんは「稼ぐ力が大事です」とか、「潜在ＧＤＰを成長させましょう」と言うわけですから、絶対にデフレに反対しないとダメでしょう。デフレこそが、まさに潜在ＧＤＰを減らしていますよ。典型的なのが建設企業です。１９９９年に60万社あったのが、いまは50万社を割ってしまった。10万社以上消えた。これ、経営者が相当亡くなられています。自殺という形で。

藤井　建設業というのは、築土構木をするための技術と供給力を提供しているわけですが、その力がデフレによって小さくなってきている。それこそ、会社の数でいって６分の５にまで減少している。実際、会社の数だけではなく、それぞれの会社の働いている方や、能力などを考えると、その供給力たるや、さらに落ち込んで来ていることがわかる。労働者の数だって、かつては７００万人近くいたのが、今では５００万人を切っている。実に３割近くも建設労働者は減ってしまった。つまり、会社の数が減っているだけなんじゃなくて、それぞれの会社で働いている人の数も減っているわけです。さらに言うと、今働いている建設労働者の高齢化も激しくなっている。しかも、かつては、多くの建設会社は自前の重機を持っていたが、今は多くの会社が自前の重機を持つ力を無くして、リース会社からのレンタルでどうにかこうにか、仕事をしている。つまり、公共事業を半分近くにまで大幅に削減すると同時に、デフレで民間の建設事業も少なくなって、建設産業は大不況を迎えた。その結果何が起こったかというと、わが国の建設供給能力の大幅な衰退なわけです。実は、これこそが、日本国家にとって、深刻な問題なんです。でも、一般メディアでも経済評論家たちも、この問題を大きく取り上げない。

築土構木の思想は投資の思想

三橋　供給能力の毀損が行き着くところまで行くとどうなるか。たとえば高層ビルを建てるとか道路を建設するとか、大きい橋を架けるとか、技術がいりますよね。いまそういう技術が若い世代に必ずしも十分に伝承されていませんよね。これが続くと、そのうちわが国は高層ビルを建てられない国に落ちぶれる。そういう国のことをなんというかというと、発展途上国ですよ。デフレというのは、発展途上国化の道なのです。

藤井　そういうことですよね。デフレが供給力を蝕むという点が過小評価されている。

三橋　現在のミャンマーがなぜあんな状況かというと、道路をつくれない、橋をつくれないからですよ。

藤井 しかも供給力が足りないだけじゃなくて、資金調達力もなくなるわけですからね。

三橋 結局はそうなります。

藤井 外国からお金を借りなければならない。ちょうど高度成長期の前の日本に逆戻り、っていうことになりますよね。

三橋 最終的には経常収支が赤字になればそうなるでしょうね。対外純負債国に転落し、政府は国内で資金調達が不可能になります。デフレというのはスパイラルで悪化していきますから、長期的には必ずそうなります。

マリナー・エクルズという、中野剛志さんが著書のなかで紹介したニューディール政策のときのFRB長官がいます。彼が「デフレは底なしである」と言いましたが、本当は底があるんですよ。要は供給能力や潜在GDPが落ちるところまで落ちて、それこそインフレ率がどんどん上がり、「建物つくってくれ」「製品つくってくれ」といった国内の需要に対し、「つくれません」。これが最終的なデフレのゴールですね。

藤井 われわれの先人が蓄積した供給力、資産を食いつぶしながら、デフレを放置しているわけですよね。われわれはその構造がわかっているから、デフレは脱却すべきだと主張しているのに――。

三橋 しかもやり方は簡単なんだから。日銀が通貨発行し、政府がそれを借りて使いなさい、というだけでしょう。しかもですよ、環境的にやることが見つからないという国もあるんですよ。でもいまの日本は、もちろん東北の復興や、藤井先生が推進されている国土の強靭化とか、インフラのメンテナンスとか、やることはいっぱいあるんですよ。なら、やれよ、と。建設企業のパワーがなくなってしまったため、そちらのほうがボトルネックになっていますよね。

藤井　いま、「建設産業の供給力問題」が大問題になっているので、そこを強くしていくための取り組みを進めるべきだ、ということをいろんなところで主張しているのですが、先ほども触れたように、多くの評論家、経済学者たちは、「建設産業の供給力が減った」ということそれ自体を問題だとは認識していない。彼らは、建設産業の供給力が増えようが減ろうが知ったこっちゃない、という基本的態度を色濃く持っている。仮にそれで失業者が増えようが、それで必要なインフラができなかろうが、どうでもいい、というわけです。彼らは「供給力以上に、建設需要がある」ということを問題だと主張するのです。だから彼らは必然的に「だから、建設需要をけずれ、公共投資を減らせ」と主張するわけです。

でもそれって、本末転倒も甚だしい。インフラのメンテナンスも、地震対策も、地域経済振興も、何もかも重要でないということなら、確かに彼らの主張にも一理があるかもしれない。だけど、明らかにそうした事業は、多くの国民の安寧ある暮らしのためには、強く求められているわけです。だとしたら、必然的に、建設供給力をあげる取り組みとは何かを皆で知恵を絞って考えなければならないという、当たり前の結論にたどり着くはずです。
でも、多くの人々は、そういう結論にたどり着かない。もう僕には、彼らには、思考能力（ability to think）が溶解して無くなってしまっているんじゃないかと思えてしまいます（笑）。
いずれにしても、建設供給力を増やすことが必要であるとするなら、今必要なのは、アベノミクスを成功させて、デフレを終わらせ、将来においても、建設の民間の需要が存在するだろうという期待をかたちづくることです。それと同時に、政府は一定の計画を立てて、これから当面の間の公共投資の見通しを明らかにしていくことです。だけど、多くの建設業者の方々は、そういう期待を明確に形成するには至っていない。だから結局、建設業者たちは、それぞれの供給能力を挙げるための投資を増やさない、という次第です。
三橋　建設の需要がこのまま続くかどうか、信用していないんですね。またバタッと止まったら、またもや「コンクリートから人へ」などと寝言を言う政権が誕生したら、またもやリストラですか、っていう話になってしまいますからね。
藤井　さらに建設省の公共投資額という統計の農業土木という分野を見ると、昔はだいたい1兆数千億円くらいあったのが、いまはもう2、3千億円程度になっている。民主党政権になる直前は6千数百億円だった。でも、民主党政権下で60％も減らされた。
三橋　わざわざ土木を狙い撃ちしたということですね。
藤井　そうです。農業の中でも特に「農業土木」を狙い撃ちしたらしいんですね。6割削られて、業界はものすごい悲鳴を上げていた。6割削られたのが3年間続いて、自公政権で若干持ち直して、補正予算を入れると前回の自民党政権と同じくらいになったんですが、補正予算でどうにか増えているだけですから、これまたどうなるかわからない。補正というのは、急についたり急になくなったりするものですから。だから結局、業界は疑心暗鬼に陥っているんです。つまりいったんこういう格好で不信感が業界の中に広がってしまって、政府に対する信頼が失われてしまうと、民間企業はなかなか投資をしようとする雰囲気にはならない。実は政府支出の急激な縮小やデフレというものの恐ろしさは、こういうところにあるんですね。人々の投資意欲を、急速に減退させてしまうんです。それがさらなるデフレを生むわけです。

三橋　戻らないですね。結局、なんで人々が投資するかといったら、将来を信じられるからですよ。ケインズの言う「資本の限界効率が高い」状況。簡単に言うと、将来もっと儲かると信じるからこそ、経営者は工場を建てる判断をする。

藤井　未来に対して投資するわけですからね。消費はいま使うものですが、投資は未来です。

三橋　お金の流れだけを見れば、投資なんてカネがなくなるだけですよ、その瞬間は。でも投資して工場を建設し、製品を出荷して儲けるとか、土木企業が設備を整えてバリバリ仕事をとって所得を稼ぐとか、そういう将来の見通しがなかったら誰も投資なんかしない。

藤井　ですからこの築土構木というのは「国民を守る」というものだと解釈できますけど、

別の角度から見れば、それは「投資をする」経済活動という側面があるわけです。ですから築土構木の思想というのは「投資の思想」でもある。そしてそう捉えれば、築土構木の精神の中心にあるのは、ケインズが言った「アニマル・スピリット」だということが浮かび上がってくる。

要するに、お行儀よく、ただ単に机上の空論をこねくりまわしているようでは、築土構木なんてできやしない。築土構木をするんなら、「未来をこうやってつくるんだ！」という強い精神の発露、生命力の発露というものが絶対必要で、そういう積極的な精神、アニマル・スピリットの発露としての「投資」ができてはじめて、築土構木が可能となるわけです。

三橋　土木というのは、産業自体が投資ですよね。土木をやった瞬間に、便益を得るかというとそんなことはない。住民がその地でずっと暮らしていき、所得を稼いで豊かになるために、いまやるわけなので。

藤井　ですからケインズ的にいうと、築土構木の思想というのはアニマル・スピリットの思想、投資の思想です。日本全体にいわゆる草食系の思想が蔓延して、アニマル・スピリットが矮小化していくと、必然的に築土構木も矮小化していかざるを得ない、と言えるでしょうね。

三橋　日本人も昔はアニマル・スピリットがあったわけですよ。

藤井　それはもう、すごくありました。

三橋　いまもあるのかもしれないけれど、なんとなく見えなくなっている。これには二つ問題があると思います。ひとつは自虐史観。「日本はもう衰退するんだよ」みたいな勝手な決めつけです。もうひとつはグローバリズムですね。

藤井　そうですね。自分では何もできないという。

三橋　外国に頼ればいいじゃん、ってね。なぜ自分でやらないのか。

公共事業不要論の四つの要因

藤井　さて、ここまでは築土構木の思想は、「投資の思想」というものをその重要な中心核の一つとして内包しているのであって、投資の思想があるからこそ、実体経済が展開したのであり、築土構木が進められたのだ、という構造についてお話をお聞きしました。

しかし、これを進めていくにあたり、ものすごくいろいろな誤解があって、阻害されている側面がある。こうした日本経済、土木、インフラに関しての誤解について、三橋先生は長い間、様々な形で主張しておられますが、そのあたりを詳しくお聞かせ願えますか。

三橋　いわゆる「公共事業不要論」ですね。公共事業はいらないんだとか、やってはダメなんだとか。マスコミに出ていると、その空気があるんですよね。

藤井　たとえばテレビ番組ですか。

三橋　主にテレビ番組です。テレビに出ているとスタジオにそういう空気がある。でも彼らは自分の発言についてきちんと考えたことがなく、単に空気に影響されて話しているだけなんです。たとえば公共事業はやりすぎだという。そこで私が、「ちょっと待てい！　日本の公共事業のピークは小渕政権のときの14兆円で、いま7兆円程度だぞ」というと、ポカーンとしてしまうんですよ。その種の反論を、彼らはたぶん受けたことがない。

藤井　空気だけで、右にならえで話しているから。

三橋　しかも、彼らがしゃべることによって、さらに空気が濃くなってしまうんですよね。自分でしゃべった言葉によって、影響されてしまうんです。誰とは言わないけれど。

ところで、公共事業不要論って、そもそもなぜ起きたかというと、私は原因が四つあると思います。

藤井　なるほど。

三橋　ひとつは名前を言ってしまうと、法政大学教授で弁護士の五十嵐敬喜(たかよし)さん。彼に代表される頭にお花畑が咲きほこった「コンクリートから人へ」軍団。マクロ経済なんか何にもわからないくせに、ノリで、公共事業を叩いている。彼らは、高度経済成長期から同じことをしていたわけでしょう。

藤井　かなり古株ですね。

三橋　なにしろ田中角栄が「日本改造列島論」で、彼らのことを批判しているほどですから。

たぶん、彼らは公共事業だろうがなんだろうが、日本政府の事業は全部嫌いなんですよ。だから原発も嫌い。

藤井　これはある種の運動的な……。

三橋　はっきり言うと全共闘とか自虐教育の成れの果てですよね。菅直人も、多分そこに含まれるんですよ。なにしろ、菅直人は五十嵐教授を参与にしていましたからね。朝日新聞もこのカテゴリーに入ります。とにかく、彼らは日本が嫌いで、日本政府のすることも全部嫌いだから、基本的に公共事業なんかとんでもないと。しかも、よりにもよって公共事業こそが、日本の高度成長を引き起こしてしまったわけですよ。だからなおさら許せないという。とにかくこれがひとつめです。

より怖いのはアメリカです。これが二つめ。昔は、公共事業といえば指名競争入札と談合で、ワークシェアリングが成立していた。これはまあ、確かに参入障壁ですね。公共事業では、いつも10社くらい集めるんですか？　君たちの会社だけが応札してね、と。

藤井　5社くらいのときも。

三橋　5社くらいのときもあるんですね。それは自治体によるんでしょう。指名競争と談合という、いわゆる参入障壁がありました。でもそのおかげで、日本はきちんと回っていたわけです。各地に建設企業が生き残り、しかも仕事の質が高い。何しろ、手を抜いて次の指名に入れなければ、応札できなくなってしまうから。

藤井　そこはちゃんと行政がチェックしていますよ。

三橋　チェックしているし、なおかつ、見ていなくても、おそらく懸命にいいものをつくったんですよね。そうしないと、次の応札の機会を失ってしまう。指名から排除されたら終わりなので。この日本のやり方が、市場原理的におかしいということになった。だから、一般競争入札にせよという規制緩和が行われた。まあ、確かに市場原理的にはおかしいんですよ。おかしいんだけど、この規制緩和がそもそも誰のためなのかを考えたとき、結局はアメリカの企業のためでしょう。例えばアメリカの大手ゼネコン、ベクテルのためなのではないですかと。１９８９年の日米構造協議のあたりから建設協議が始まり、公共調達は一般競争入札にしないとおかしい、市場原理に反していると——まあ反しているんだけどね——そういうことを言い出した。

藤井　原理に反しているのが真実だとしても、それが問題かどうかは、まったく別の話ですよね。

三橋　そうです。市場原理が別に常に正しいわけではないし、日本の国土的条件、自然災害が多いという条件がある以上、きちんと各地に建設企業が生き残ることのほうが、市場原理よりも優先されるべきでしょう。

藤井　国民の幸福というものが一番重要な問題だと。

三橋　市場原理を追求することは、別に政府の仕事ではないので。経世済民という意味では、昔のほうが正しかったと思います。でも、日本で巧く行っていたやり方が市場原理とか自由競争といった抽象論によって壊されてきた。そのとき誰も「それならば、日本から建設企業がなくなっていいんですか」とか、そういう疑問を抱かなかったんですかねえ。いま考えると不思議ですけど。

三橋　恐らく発言権が大きくはなかったんですかね。これが二つめの原因です。

藤井　いやあ、抱いた方はたくさんおられたと思いますけどねえ。

朝日と日経が共に公共投資を批判する愚

三橋　三つめは当然ですが、財務省です。アメリカを中心に猛威をふるっている新古典派経済学同様に、とにかく財政均衡論がすべて。「なんで？」「いや、財政均衡が正しいから」みたいな。もうイデオロギーですよ。財政均衡主義が公共投資を削ってきて、いまも削っています。

そして、一番手強いのが四つめ、小さな政府論者。財政破綻論に絡めて、竹中氏などはすぐにプライマリーバランスを黒字化しなくちゃいけないっていう。財政破綻、財政破綻と煽り、税収が減っている反対側で社会保障などの支出がこんなに増えている、日本の折れ線グラフで見ると「ワニの口が開いている」などとよく彼は煽るけれど、結局は何が目的かというと、政府の支出を削ること。増税はたぶん竹中さん的にはどうでもいいんだと思います。

藤井　小さな政府にしなさいと。

三橋　小さな政府にして政府がカネを使わなくても、やらなくてはいけない公共投資というのはあるわけですよ。橋が壊れていたら架け直さなくちゃいけない。「政府がカネ出さなかったら誰がやるんだよ」「だからそこに民間の資金を導入するんですよ」というレトリックで、ＰＦＩ（Private Finance Initiative）やら、コンセッション方式*やらが出てきた。本来、公共投資というのは、政府がカネを出し、橋などのインフラを建設し、費用はマクロ的に、長期的に経済成長によって回収するわけですよね。

以前ニュース番組で「日本政府が北海道にいっぱい投資したが、全然返ってこないんだ」とお怒りになられていた高齢の方がいましたが（笑）、その発想は間違っている。公共投資をやっても、成長しないところはしないですよ。事前にわからないから、そんなことは。とはいえ、国家としての共同体を維持するために、儲からない地域にも――そもそも公共投資で儲かるという発想がおかしいと思うけど――、経済成長をしないような地域でもきちんと

＊ **PFI、コンセッション方式**…ＰＦＩは、国や地方公共団体などが行ってきた公共施設の建設、維持管理、運営、サービス提供などを、民間の資金、経営にゆだねて行うこと。コンセッション方式は、公共から独占的な営業権を与えられたうえで、民間の事業者が行う事業の方式。ＰＦＩ事業の実施方法のひとつとして位置づけられる。

インフラを整備しなくてはいけないでしょうっていうのが、国家という共同体の発想じゃないですか。それを無視して、公共事業に民間資本を入れるとなると、民間は利益を得なくてはいけないから、当然、短期的に利用料とか取るわけでしょう。「利用料を誰が払うんですか」「政府です」。ということは結局、原資は税金だろうと。ということで、税金が国民から政府に渡り、公共投資に割り込んできた民間の投資企業に支払われ、チャリーンと株主に渡るという、いわゆるレントシーキングですよね。

この四つが入り乱れているんですよ、日本の公共投資悪玉論って。

藤井 いまのお話をお聞きしていますと、いわば「アンチ政府」とでも言うべき方々の勢力、市場主義で利益を得られる方々の勢力、「緊縮財政論者」の勢力、「財政破綻論者」の勢力、といった重なり合いながらも出自の異なる四つの勢力がある、ということですね。つまり、仮にその四つがあるとすれば、その四つが全部組み合わせて作り上げられる「四すくみの四位一体」が出来上がって、それが一体的に「公共事業バッシング」の方向にうごめいている、というイメージをおっしゃっているわけですね。

三橋 いちばん典型的なのは、朝日新聞と日経新聞の両紙とも公共投資を批判していることですよ。これ、批判の中身がぜんぜん違うんですよね。朝日新聞は、「土建国家復活」とかいって、とにかく公共投資がいやなのね。日経新聞は完全にアメリカの意向か、財務省か、もしくは竹中さん的にコンセッション方式とかＰＦＩでレントシーキングを狙っている人たちが後ろにいるということでしょうね。

藤井　なるほど。いろんな意見があるのかもしれませんが、少なくとも、いまの三橋さんのご指摘は、どなたも少なくとも一度は、じっくりと吟味してみる必要があるのではないかと思いますね。まずさきほど冒頭でおっしゃったように、「空気」で考えてばかりの方は、三橋さんがご指摘になった「四位一体の公共事業バッシング」の話のような可能性を考えたことすらないでしょう。そもそも、何も考えないからこそ、「空気」みたいな空っぽのものに基づいて振る舞ったりできてしまうわけですから。「空気」が支配する、っていう状況は、どんな「言葉」であっても、その「言葉」の裏にある想念とか概念とか大局観というものは全部無視して、ただただ「中身のない空っぽの言葉だけ」あるいはせいぜい「イメージだけ」が伝播していく、っていう状況ですよね。

そんな、「四位一体」の「四すくみ」の複合体は、それぞれものすごく大きな権限やパワーを秘めていますから、それが一体的に動き出してしまえば、この現代日本ではまたたく間に、「公共事業バッシング」の空気が出来上がってしまうということは、あるのかもしれないですね。

三橋　やはりキーになったのは、とにかく財政赤字ですよ。財政赤字、財政赤字で財政破綻って、日本だけではなく、世界中でやっているじゃないですか。アメリカもやっていますよね。

アメリカの地方政府が財政破綻すると、民間の管財人がやってくるんですよね。彼が支出を切り詰めまくるわけです。でも小学校など、教育関連のサービスは提供しなくてはならないから、民間資金の導入を、という話になる。実際、民間の資金がわーっと入ってくる。いつの間にか、公立高校が消滅し、全てが私立になっちゃった、みたいなことが起きているんですよ。

今回、決定的にわかったのが、竹中さんは公共事業をやる、と発言した際の目的です。自民党政権になる前、昨年の創生日本の勉強会で、竹中さんが西田昌司先生に、「総需要足りないのが問題ではないのか」と突っ込まれて……。

藤井 ネット動画に出ていましたね（笑）。

三橋 「確かに公共事業は必要です。だからコンセッション方式でやりましょう」と、一般人にはわけのわからないことを言い出したのを聞いて、ああ、やっぱりねと思いました。

コンセッション方式って、絶対に民間企業が儲けるんですよ。別にそれが悪いとは言いません。言わないけれど、デフレのときにそんなことをしてどうするのか。公共事業全体のパイは一定で、そこから一部をいただきますという話なので、結局ビジネスの話なんだということです。

国の借金、日銀が買い取ればチャラになる

三橋　名前を出すとさすがに怒られちゃうけれど、自民党にSという衆議院議員がいます。彼が竹中さんに洗脳されていて、「三橋さんね、これから公共事業は民間資金を入れるんだよ」と。「その民間の企業はどこからお金を手に入れるのですか」と聞いたら、銀行融資だと言うんですよ。「国債と変わらないじゃないですか」という突っ込みをしたんですよね。さらに「短期的に利益を得られない公共事業で、投資した企業はどうやって収益を得るの」と聞いたら、予想通り「政府が使用料を払うんだよ」と。使用料を払うのは政府じゃなくて国民でしょう。なぜ普通の公共事業のプロセスに、わざわざ民間の企業を割り込ませなくちゃいけないのか。政府が国債を発行するのにしても、銀行から借りるんだから同じでしょう。というわけで「普通に公共投資でインフラを整備し、長期的、マクロ的に経済成長し、少しずつ費用を税金で回収するのではダメなんですか」と言ったら「財政問題があるからダメだよ」と言うわけですよ。国の借金があるから、できないと。当然、「先生（挙手）、国の借金、国の借金というけれど、日銀が買い取ったら終わりでしょ」と聞いてみたら、沈黙しちゃったのね。たぶん、真剣に考えてないのかな。どうなんですかね。ああいう洗脳された方々って。

藤井　その方がどなたかわかりませんが（笑）、少なくとも真剣に考えると見えてくるはず

なんですけどね。お金というのはどこから来たのか。そして、それがどう回るのか。お金は永遠に消えることがない。循環の途中のどこかで、穴を掘って埋めてしまったりしない限り。

三橋　あるいは河原で燃やすとかね（笑）。

藤井　そういうことを理解すれば、キャッシュの流れがわかるはずなんですが、なかなか――。

三橋　もうひとつ重要な点は、日銀の存在ですよ。日本国には、ひとつだけお金をゼロからつくりだせる存在がある。日銀が通貨を発行すると、一応、負債としてバランスシートの貸方に計上されます。国債が買った場合、国債という資産が借方に計上されてバランスします。という話はちょっと置いておいて、そもそも日銀の負債になっている日本円の通貨って、返す相手がいないですからね。

藤井　いわゆる最後の……。

三橋　最後の貸し手というか、要は通貨発行ですけど。そもそもなぜ中央銀行が発行した通貨は、負債計上なんでしょうね。私は純資産でもいいと思いますけどね。どうせ利払いの相手も、返済相手もいないんだから。一回、日銀に確かめてみたいんだけど、キーボードで銀行の日銀当座預金を増やし、1兆円分の通貨を新たに発行するのに何秒かかるか、みたいなこと。

藤井　（笑）。

三橋　理屈的には10秒でできますよね。そういう仕組みが国家にはあるんだよって。

藤井　多くの日本国民は、いろんな社会の出来事をテレビとかのメディアを通してだいたい理解しているけれど、実はメディアの情報というものそれ自身が、日本国民がまったく知らない何か別の「空気」みたいなものでつくられている可能性がある。だとしたら、多くの国民が知っていることっていうのは、「真実」とは全然違う可能性がある。国民はやはり、そこに思いを馳せることは必要なんですよね。

三橋　そうですよね。マスコミもね、別にウソをついているわけではないんですよ。公共事業が多すぎるというのは、もしかしたら100年前と比べているのかもしれない。100年前と比べれば、それはいまのほうが多いでしょう。だからウソじゃないんですけど、言い方が汚いんですよ。たとえば1996年に比べて多すぎると言ったら、これは明らかなウソですよ。半分近くに減っているんだから。そういう問い詰めをしなくちゃいけないと思いますね。

藤井　経世済民も築土構木もですが、いずれの営為も、国民を幸せにするという目的ははっきりしているわけです。で、そんな目的を達成しようとするなら、ぼーっと空気で動いているようでは、到底無理だ、ということです。築土構木をちゃんと進めて国民を幸せにしようと思ったら、やっぱりしっかり考えていかないと、どうしようもない。そういう意味では、「築土構木の思想」というのは、空気に流されずに自分の頭でしっかり考えていこう、ということが根幹にあるんだ、ということですね。

そして、メディアがここまで発達してしまって、情報があふれ返っている現状では、誰が信用できることを言っていて、誰が信用できないことを言っているのか、ということをしっかりと理解することが、非常に重要になってきている。だから実は、築土構木には、嘘とホントを見抜く力が必要だ、ということなんですね。

日本ほど可能性のある国はない

藤井 さて、ここまで三橋先生からは、築土構木の思想と投資スピリットというものとの関係、築土構木の現在における空気というか世論の問題についてお話をお聞かせいただきました。今度は、日本復活への道というか、これから日本はどういうふうに築土構木をしていくといいのか。どうすればわれわれ日本人は明るい未来の日本を築き上げることができるのか。そんなところについての三橋先生のお話をお聞かせいただければと思います。

三橋 これは世界各国も同じかもしれませんが、日本にとって国民が豊かになれた、中間層が分厚いかたちで豊かになれたという意味で、最もよいモデルケースは高度成長期ですよね。私や藤井先生は高度成長期のギリギリ最後の生まれですが、残念ながら高度成長期の日本人には欠けているものがあって、それは非常事態を想定していなかったということですよ。安全保障の観点が全く無かった。

藤井　そうですね。

三橋　安全保障面ではアメリカべったりで、ひたすら依存していればうまくいきました。もう一つ、大きな地震がなかった。1995年の阪神・淡路大震災まで大震災がなかった。国民は平和ボケに陥りつつ、分厚い中流層を中心に、「一億総中流」のいい社会を築いたんだけど、非常事態にまったく対応できない国だったことに変わりはないわけです。

　ということは、いまから日本が目指すべき道は、非常事態に備え、安全保障を強化することです。結果として、高度成長期のように中間層が分厚い社会をもう一回つくれると思いますよ。最大の理由は、デフレだから。デフレというのは、誰かがカネを使わなくてはならない。もちろん、政府ばっかりにやれというわけではなく、政府中心に非常事態に備えるために安全保障分野にカネを使おうと。土木ももちろんやらなくちゃいけないし、今日は触れませんが、軍事的な安全保障やエネルギー安全保障など、ほかにもいろいろ分野がありますよね。日本が安全保障に金を使うことによって、非常事態に備えつつ高度成長を達成するという無敵国家が誕生するんです。

　正しい道を選択すれば、東京五輪が開催される2020年くらいには、日本は超大国になっていると思います。なぜなら、ほかがメタメタだから。

藤井　そうですね、世界経済的に考えると、日本ほど可能性のある国はないかもしれない。

うまくやらなければ日本もいくらでも凋落しますが、うまくやれば可能性はいくらでもある。世界にはうまくやろうとしても、うまくできない国だらけですから。

三橋　中間層が分厚いかたちで成長できる国って、もはや日本以外にはないんじゃないかな、本当に。アメリカは、よほど大々的な方向転換をすれば可能でしょうけれど、あそこまで1％対99％の格差社会になってしまうと相当難しいかなあ。

藤井　せっかくそういうステキな状況を日本が持っているにもかかわらず、グローバルスタンダードにいろいろなものを改革していこうとすると、それができなくなる。グローバルスタンダードはいま中間層を無視しながら進めていこうとしているわけですから。

三橋　中間層なんか優遇したら人件費が上がり、グローバル市場で戦っている大手企業が儲からないじゃないですか（笑）！

藤井　外国はそれがグローバルスタンダードなんですね。ですからグローバルスタンダードに合わせすぎると、日本もせっかくすごい超大国になれる道をどぶに捨てることになりますね。

三橋　もちろんそうです。是非とも、総理大臣にも言いたいわけですよ。安倍総理はウォール街の1％が所得を収奪するような、強欲な資本主義ではない、おとなりさんや親戚同士で田畑を耕すという瑞穂の国の資本主義を目指します、と言っていた。私はそれに感動したわけだけれども、竹中さんや構造改革派は絶対違うと思いますよ。いまの日本は、冗談抜きで正真正銘の分岐点にあると思いますね。どっちに行くかわからない。

藤井 その分岐点論というのは、大震災の前も後も言い続けてきた、重要なポイントですよね。今はまだ、まだ、地獄への一本道、というわけじゃない。地獄に落ち込まずに進む道を選ぶことができる状況にあるわけですよね。

三橋 民主党のままでは最悪だったので、それは確かに前に進んだんですが、次の分岐点にすでにたどり着いているんですよね。

「ケインズ主義」対「新自由主義」

藤井 そのなかでこの分岐点において、いい方向を選んでいくというのは、どういうことでしょう。

三橋 これは別に難しい話ではなく、本質的な問題は、実はひとつしかないんですよ。デフレの原因は何ですか、といったとき、総需要に対して供給能力が大きすぎることです、潜在GDPが大きすぎます、デフレの原因は総需要の不足ですという認識であれば、じゃあ足りない分を政府支出で埋めましょうという話になる。でも向こう側の方々、ぶっちゃけ竹中さんたちは、「マネーの量が足りないからです」「だから金融緩和で大丈夫ですよ」という。「マネーの量って何だよ」と思います。私はいまだに「マネー」の定義を聞いたことがない。

知ってますか？

藤井　彼らが足らない足らない、って言う「マネーの量」っていうのは、一体何なのか、よくわからないですよね。

三橋　彼らの言うマネーの量が、モノやサービスを買うのに必要なカネ、あるいは買われたカネのことだったら、名目ＧＤＰのことだから、私の言っていることと変わらない。デフレの原因は総需要の不足ということで同意できた、握手しようということになりますが、「絶対違うだろう」という話ですよ。

藤井　（一般に、経済学で「ベロシティ」と呼ばれている）「お金の速度」を、1年間で積分したらいいんですよね。これが多分マネーの量の一番厳密な定義なんですが……でもそう定義したら「ＧＤＰ」ってやつになりますよね。

三橋　名目ＧＤＰそのものですよ。名目ＧＤＰが足りないということは、総需要が足りないという意味だから、われわれと言っていることが同じという話になるんですが、たぶん違いますよね。「マネーストックですか？」マネーストックはどんなに増えても、たとえば土地の購入やＦＸ、先物取引などに使われると、モノの購入にもサービスの購入にも該当せず、名目ＧＤＰと関係ない。

藤井　別の言い方をするとしたら、「実質的な」マネーストックとかいう言い方があるかもしれません。

三橋　そうですね。

藤井　そう呼べば、銀行のなかで塩漬けになっているマネー、つまり、銀行の中でブタ積みになってるマネーを除いて、実際に世の中に出回っている「実質的な」マネーの総量、っていうものに直接つながりますね。これってつまり、GDPと呼ばれている総量を、その利那の断面に切り取って表現したものですよね。つまり、GDPをミクロに表現したら、いわゆるマネーの量ではなく、「実質的」なマネーの量、っていう事になる。だから、「マネーの量を増やせ」っていう言葉のマネーってのが、「実質的なマネーの量」を意味してるんだとしたら、それは、「GDPを増やせ」って言ってることになるわけです。ということは、彼らは、「GDPを増やすためにGDPを増やせ！」って言ってるということになる（笑）。これじゃもう、彼らって結局、自分で何言ってるかわからないまま、中身のない言葉、空語を、口から出まかせで言ってるってことのように思えてきます（笑）。

三橋　何を細かい話をしているのかと言われるかもしれないけれど、この問題は世界的な問題なんです。「デフレの原因は何ですか」と。はっきり言うと、「ケインズ主義」対「新自由主義」なんですよ。財務大臣の麻生さんはわかっているじゃないですか。少なくとも、総需要が不足してデフレになっているということは、わかっていますよね。というわけで「供給能力と潜在GDPのあいだ、デフレギャップを埋めなければいけない」という国民的コンセンサスができれば、初めて、「つまりは、お金を使っていいんだね」というマインドになるんですよね。そのあとは「土木にいくら使いましょう」「設備投資に現在いくら使いましょう」「宇宙開発にいくら使いましょう」と、そういう話になるんだけど、いまはそれ以前のところで思考がストップしていますから。

藤井 具体的にはプロジェクトもあるけれども、われわれのマインドセット、思考様式というか、思い込みの問題ですね。

三橋 大元のマインドを変えなくてはいけない。お金は使わなくてはいけないと。そんなカネ、どこから出てくるんだ。日銀の通貨発行でいいじゃないですか。とりあえず、このマインドですよね。

カタカナ用語を使う人は信じるな

三橋 もはや、一般人であっても通貨の仕組みについて正しく理解する必要がある時代です。そもそも日銀とは何ですか、と。お金を発行できる機関です。日銀が発行したお金を、日本政府が借りた場合、子会社から借りたかたちになるため返す必要ないですよと。お金を使い、先ほどの総需要の不足を埋めればいいでしょう、っていうところまで理解してもらえれば、「消費税の増税、何それ?」、「公共事業の削減、は?」「ハイパー・インフレーション?」「長期金利が上がる?」「財政破綻?」とか、これらのレトリックが全て嘘っぱちだとわかるので。

藤井　経済政策に限りませんが、もしも政治に関して直接・間接に意見を言うんだったら、それについて知るべきです。知ることを放棄するんだったら、政治なんてものにかかわるべきではない。もし知らないくせにかかわってしまったとしたら、その国は壊れてしまう可能性が当然高くなる。それで死んだ人間の責任は誰がとるんだということ。知らなければちゃんと、物事を知っている人の話を虚心坦懐に聞いてくれればいい。そのためのポイントはね、僕一個だけあると思います。あまり考えたことのないことを耳にしたとき、あるいは「あれ、今の、ちょっとわからない――」と思ったそのときに、絶対に、そのわからないことを「わからないまま」にしておかない、ということです。多くの人々はわからないことをわからないままにして、次のところに行ってしまうんです。

三橋　抽象的な言葉で、わかったつもりになってしまうんですよね。

藤井　僕は子供のころから、これが大っ嫌いだったんです。

三橋　そういう子供だったんだ。いやな子供だな（笑）。

藤井　何がわからないかずっと考えて――それでもわからなければ、わからなかったということをずっと記憶しておいて――、それで最終的に、わかったら「ああ！」と納得する。

三橋　経済って、実は簡単なんですよ。だって全てはお金で計測できるから。最終的にはバランスシートか損益計算書でしょう、はっきり言うと。国民経済でいえばＧＤＰとバランスシートなんですが。いずれにせよ、数値が明確なんですよね。もちろん負債が1000兆円あるなら、その中身を見る必要もありますが、抽象論が入り込む余地は全くないんですよ。ところが「通貨の信任」だとか「国際的信任」だとか、抽象論ばかりを使っている連中が多い。彼らは、結局のところ中身をわかっていないんじゃないかな。抽象的な言葉を聞き覚えて、それをしゃべっているだけで、わかったつもりになっている。

藤井　これは本当に深刻な問題ですね。ある意味、ばかばかしい笑える話、喜劇なんですけど、そのせいで生ずる被害の大きさを考えると笑うに笑えない悲劇なんですよね。

三橋　だから逆に言うとね、そういう連中とガチで議論したら、向こうは勝てっこないですよ。だって国家のバランスシートの中身について、数字まで頭に入ってる人ってあまりいないでしょう。私は変態的なまでに数字を覚えているから。グラフ化しているからなんですが。よくもまあここまで浅い知識で戦いを挑むなあって感じですよ、正直言うと。

藤井　でもまあ、権威というのはそういうものなんですよね。

三橋　抽象論を語っていると権威づけられるんですかね。ただ、本当の実務家というか、実践主義者は、そうではないでしょう。それこそ土木ならば、実際に山をどうする、川をどうする、ということをとことんまで考えるでしょう。そこまで考えなかったら、考えたとは言わないですよね。

藤井　先にも申し上げたように、築土構木の思想はいろいろな解釈ができます。築土構木の「土」とか「木」っていうのは、確実にモノなんです。だから必ずモノというものを必ず含む。実際、わたしたちは、モノの上にいて、モノに守られて生きているわけです。そして、システム全体を、自然の中で徐々に形作っていくのが築土構木の思想。いまおっしゃっていたような、虚業というか、虚学というか、そういうところでフラフラするということは絶対にない。

三橋　できませんものね。

藤井　仮にそんな架空の論理で橋を架けたとしたら、架けている途中で橋が落ちます。ダムをつくっている途中で崩れてしまいます。だから築土構木の思想というのは常に現場、この実際の社会から一歩も逃げない。この現実世界に永遠にとどまるんだという姿勢を持つと言えるかもしれません。

三橋　その究極の反対側にいるのが、経済学者ですね。特に、新古典派の。

藤井　本当は「経世済民」、つまり世を経(おさ)め、民を済(すく)う、っていう素晴らしい学問なのに。

三橋　経済学というより、数式モデル学みたいなものですよね。特定の仮定に基づくモデルや数式をつくって称賛されるって、めちゃめちゃ虚業ですよ。特定環境でしか成立しないモデルを作ってノーベル経済学賞とか言っているわけですから、バカバカしい限りです。そんなものに影響されて、世界中が大混乱というのが、現実の世界です。

藤井　いろいろとお話しいただいて、ありがとうございました。日本復活への道は、この虚構をどう乗り越えるのか、この一点にかかっていますね。常に現場で、実際にそこでどういう人がどういう暮らしをしていて、そこにどういうものがあって、それがどういうふうに動いているのか。これを見る精神を忘れないようにしたいですね。

三橋　とりあえず、カタカナ用語を使う人は信じない。これ、重要です。例えば、コンセッション方式とか、グローバリゼーションとか、イノベーションとか。

藤井　築土構木、この漢字にがっつりとつかりながら（笑）、三橋先生と土木のいろいろなお仕事とか、経済政策でＴＰＰのお話とか、増税のお話もして参りました。これはすべて経世済民であり築土構木のためです。これからもぜひこの日本で素晴らしい築土構木が進みますように、お話をお聞かせいただければ幸いです。どうもありがとうございました。

第４章
城壁の論理と風土の論理

大石久和×藤井聡

大石久和（おおいし・ひさかず）

1945年、兵庫県生まれ。京都大学大学院修士課程修了。同年、建設省入省。建設省道路局長、国土交通省技監を歴任。現在、国土技術研究センター国土政策研究所長。京都大学大学院特命教授を兼務。「国土に働きかけることによってはじめて国土は恵みを返してくれる。いかに国土に働きかけていくのか」を主題とする「国土学」を提唱。著書に『国土と日本人』（中公新書）、『日本人はなぜ大災害を受け止めることができるのか』（海竜社）など。

国土学とはなにか

藤井　築土構木の思想、今回は大石久和先生のお話を伺いたいと思います。大石久和先生は国土技術センターの中にある、国土政策研究所の所長をお務めの先生でして、われわれの京都大学でも特命教授にご就任いただき、主に大学院の学生にご講義いただいております。大石先生は実は私の大先輩にあたる先生でして、京都大学の土木工学科ご出身の先生です。建設省に入られまして、国土庁でもお務めになって、最終的には道路局長並びに建設省の技監というポストをお務めになって、その後に国土技術センター理事長をされて、今国土政策研究所の所長をされておられます。

大石先生は、国土学という学問を提唱しておられまして、ご著書も何冊も出版しておられます。京都大学では、この国土学についてわれわれの学生にご講義いただいていますが、私も一学徒として、毎年大石先生の講義には出席させていただいているところです。今回は、大石先生の『国土学事始め』『国土と日本人』『日本人はなぜ大災害を受け止めることができるのか』といったご著書の内容をふまえつつ、お話をうかがっていきたいと思います。

まず、この国土学についてのところから大石先生のお話をお聞きしていきたいと思います。すでに大石先生のご本をお読みになった方は、国土学のことをご存じだと思いますけれども、初めての方もおられるかと思いますので、まず国土学というのはどういう学問なのかというところから、お話し聞かせていただけますでしょうか。

大石　まあ学問というよりは、ひとつの考え方、ものの見方を提供しているつもりなんです。大学で学んできた土木を現実社会で実践するとなると、結局は公共事業を通じて社会に還元していくことになりますね。道路を整備するにしても、河川を改修するにしても、空港港湾を造るにしても、あるいは森林整備するにしても農地開発をやるにしても、みな公共事業という言葉になるわけです。この公共事業という言葉は、経済的な観点からすれば、単にフローの言葉でしかありません。フローというのは、今年、どれだけの金額で事業をやるのか、予算は増やすのか減らすのか、といった単年度の議論を意味する表現です。しかし、公共事業とは実はストックとして初めて成果を成すわけで、道路でいえば、何年もかけて事業を行って都市と都市とがちゃんと結ばれたということで効用を発揮するものなのです。その効用をどう評価するかが重要なわけで、ストックとしての評価がついてまわらなければならないのに、フローでしか語らないし、フローとしての評価しかしない。これでは公共事業の意義だとか、意味とかがいつまでたっても理解できないのではないか。

公共事業をやるとはどういうことかと考えてきて、私がたどり着いた考えは、この自然の厳しい国土に働きかけて、私たちがより安全に、より効率的に、より快適に暮らせるように国土に姿を変えていただいて、そういった恵みを返していただくという行為なのではないか、というものです。それをわれわれは、単年度のフローの言葉でしか公共事業を語ってこなかったのではないか。そうすると、国土に働きかけて、国土から恵みを得るという考え方が見えなくなってしまう。これを歴史的な時間軸の中において過去の人々の努力と比較してみたり、あるいは同じように国土に働きかけて、より経済競争力をつけようとしている世界の人々に比べて、私たちの国の努力は十分なのか不十分なのかといった評価につなげていくべきなのに、公共事業という言葉では、それが理解できないし、表し得ないということに思い至ったんですね。それで、あえてこういう耳慣れない言い方をする必要はないのかもわかりませんけれども、「国土学」という言い方をしたらどうだろうという提案をしているのです。

藤井　たしかに今お話しいただいたように、公共事業それ自体は素敵な言葉だともちろん思うわけです。この「公共」という概念自体が素敵なものですし、おそらく何人たりともそれを否定的に語ることなんてできないような言葉だと思います。さらに事業、プロジェクトというと、ある種勇ましさもあれば、合理性もあり、人間が人間たる所以の営みとも言えるものでありますから、そのすべてがあわさった「公共事業」という言葉は、公共のためにプロジェクトをやっている、これ自身は非常にすばらしい言葉であるわけです。

ただこの言葉だけでは抜け落ちるものがあって、これが経済学で言うところのフローとストックに関わる話になりますけれども、どうやら公共事業ということだけだと、その事業でどういうストック、モノができていくのかという、事業の具体的な内容が意味されにくいというところがあります。

そういう意味でしばしばインフラ政策なんていう言葉が言われますが、そのほうが、もう少し、出来上がるモノが何なのかということがイメージされやすくなる。でも、この言葉にも実は不十分な側面がある。なぜならそもそも、土木という行為、築土構木という行為で出来上がるのは、橋とか道路という単体としての人工物、だけではない。あくまでも、築土構木で出来上がるのは、そういう「人工物」と、それが設置される「自然環境そのもの」とがあわさって出来上がる、「純然たる自然にあらざる『国土』」なんですね。この、自然と人工の融合物として出来上がる『国土』を、大自然の営みの中で繰り広げられる人間の営為として作り上げている——という視点は、インフラ政策という言葉でもイメージしにくいわけです。

公共事業は点、国土は面

藤井 当然ながら公共事業やインフラ政策というものは、きちんとした国土を作り上げるものだ、と解釈し定義すれば、それでもかまわないのですが、その言葉の意味を考えれば、やっぱり抜け落ちてしまうものがある。そういう意味では、「国土」という概念をきちんと使っていくことが、今の日本人にとって非常に重要なポイントということなんでしょうね。

大石 そうですね。先生がおっしゃったように公共事業というのは点で行うか、まあせいぜい細い線ぐらいのイメージしかないと思います。でも、特に日本の場合、私たちが目にする自然というものは、道路だとかに代表される人工造営物はもちろんですが、森も田畑も全て私たち日本人が作り上げてきたものなんですね。

白神山地だとか、あるいは奈良の春日山の原生林のような、まったく人間が手つかずにしているところもありますけれども、こうしたごくごく例外を除けば、ほとんどすべてまったくの自然だと見えるようなものも含めて、私たち日本人が作り上げてきたものなんです。

そう考えると、これは点や線ではなくて「面」なんですね。公共事業というとらえ方をしている限りは、これは点でしか見えてこない、線でしか見えてこないところを、国土という「面」に支えられて私たちの暮らしは成り立っているんだということを、気づかせる必要性があるわけです。

藤井　そうですね。しばしば人間は、都会にばっかりいちゃだめだ、自然に出ないといけない、なんて言って田舎に行くわけです。田舎に行ってきれいな田園風景を見て、「ああ、自然っていいなあ」なんて言ったりしますけど、それは大間違い。なぜなら、彼が目にしている田園風景って、実は見渡す限り「人工物」なんですよね。河川も人が手を加え、田んぼなんて農業土木で出来上がったものですし、向こうに見えている山の植林だってこれは林業によって作られてきたものです。そういうことを考えると、われわれは、あんまり自然に怒られてしっぺ返しが起きないようにということに配慮することは当然必要ですけれど、住みやすいようにこの自然環境に手を入れて、住処(すみか)を確保していくことを通して、国土を作り上げてきたんだ——ということを、おおよそ忘れてしまっているのではないかと思います。

大石 そうですね。公共事業という言葉では、私たちのはるか昔の先輩たちの努力の成果がこの国土を作り上げているんだということが忘れられてしまうのですが、それが残念ですね。

藤井 たしかに、公共事業自体は素敵な言葉かもしれないけれど、国土という概念についてまで理解されている方はほとんどおられないですよね。

しかも、国土という言葉をつかっても、すぐにフローのイメージだけを持って、「土建業者の癒着である」とか語られたりしてしまうわけでありますけれども、実は土建という言葉にしても、自然の中で住処を確保する営為である土木という素敵な言葉と、ポジティブワードである「建設」というこれまた素敵な言葉とが合体したもので、これを略した土建なんて言うと、きゃあ、素敵なんていう声があがってきてもいいんじゃないかと思えるものなんですけど(笑)、不思議なもので「ドケン」とカタカナで書くような、ネガティブに語られてしまうイメージが固まってしまったんでしょうね。

土木に対する理不尽なバッシング

藤井 先程大石先生のお話をお聞きして、なるほどなあと思ったんですが、大石先生はこの国土学のご本を出される以前から、かなりいろんなエッセイを発表されておられますね。いろいろと執筆される一つの動機になったのが、土木に対する社会からのバッシング、あるいは蔑みと言ってもいいような経験が契機であるというふうにお聞きしたんですけれども、そのあたり少しお話を聞かせていただけますでしょうか。

大石　ちょうど私が建設省の静岡県にある沼津工事事務所——昔はそういう名前だったんですが——というところに勤務していた頃、土木叩きと言うような風潮がちょっと目にあまるところがあって、シビル・エンジニアとしての考えをひとつエッセイとしてまとめようという気持ちになったんです。バブルの頃でしたから、土木の力によって道路を造ったりしなくても、この国は金融の力で十分生きていけるんだという気分が世の中を覆っていた時期です。

私自身が現実に経験したことなんですが、現場服を着て現場に立っている私のそばを、小さな子どもを連れたお母さんが通りかかって、「勉強しないとああいうことになるのよ」と言っているんですよ。本当に。現場で汗をかいて太陽のもとで働くという、こういう行為に対してなんという教育をしているんだ、これをやっていることが暮しにどう役立つのかということを十分考えもせずに、子どもにそういうことを言うなんてひどいことだと思いました。

現場服を着て現場に立っていると、そういうことは時々あるんだという話は先輩方からも聞いていましたが、自分自身がそれを経験するとはまさか思っていませんでした。そこから、土木とは何なのか、何をしているのか、それが国民の皆さん方の生活といかに近い話なのかということについて、もっともっと説明をしたり、ご理解を求める努力をしなければならないと思ったことが、いわば執筆動機ですね。

藤井　こういうことを考えておりますと、類似した事例というのは戦後日本において本当にたくさんあるんだろうなと思います。例えば自衛隊の問題ですね。今でこそ自衛隊というのは3・11で大活躍されたということがあって、国民側の意見とか態度というものは変わってきたかもしれないですが、相当長い間自衛隊というものに対してネガティブなことが言われたりしていました。しかしながら国防というものは国土保全の基本でありますから、それを担っている方々に対して、親は子どもに「生活を守ってもらっている方々ですよ」と紹介してもいい話なわけです。

あるいは最近ではエネルギーの問題なども、エネルギーのところでやたらとお金を儲けて、既得権益を貪り食っている悪いやつなんていうイメージが一部では言われたりするかもしれませんが、例えば今この電気がついているのも、先程乗ってきた電車も、立ち寄ったコンビニエンス・ストアの冷蔵庫も、何もかもが電気というエネルギーをベースに成り立っているわけです。仮にそのエネルギーを供給する方に何かの問題があったとしても、どこかでは、エネルギーの安定供給をしてもらってる方なんだなという感謝の気持ちがあってもいいのではないか。

そういういろんな人々に支えられてわれわれは生きていて、そういうものに対して昔の日本人は「恩」という気持ちがあって、それを忘れる人間のことを忘恩と言って、人間として一番やってはいけないこととされていた。そういうことが日本人の精神の深いところに本来はあったはずなのに、そこの部分がなくなると、もう先程のお母さんのようなことが起こってきてしまうんだろうなと。

この問題をクリアできなければ、わが国は根から全部だめになってしまうのではないか。土木というものは、インフラストラクチャーそのものでありますから、基盤が崩れると次の瞬間から誰も生きていくことができなくなるのに、にもかかわらずそこで仕事をされている方々を蔑むというのは、非常に倒錯した時代にわれわれ日本人は生きることになったと感じますね。

国家に対する否定的感情の弊害

大石　私はその背景の一つに、国家としてまとまってものを考えたり、国家として行動を起こしたりするということは、もうあってはならないんだ、戦争という形でその間違いを犯したではないかという、私に言わせると誤った総括が、戦後長い間論壇を支配してきたことがあると思うんですね。

だけど、考えてみますと、先程先生から公共という言葉が素晴らしいというお話もありましたけれど、要は一人ひとりではできないことをみんなの力で、みんなのためにやりましょうというのが、結局公共ということですね。その最大の単位が国家ですよ。結局それを否定しちゃっている話になっているように思うんですね。たとえば保険機構にしても、東日本大震災などを考えればわかるように、最大最高の保険機構は最終的に国家で、それ以上のものはないのですからね。

藤井　そうなんですね、制度そのものを超越していて、制度を作る存在が国家なわけですから。

大石　はい。でも、それの否定がこの国を長い間支配してきて、戦後の論壇に通奏低音のようにずっと流れてきていて、今日なおそれを引きずっているところがあると思います。だけど、最終的に国の単位で、みんながみんなのためにやらなければならないことがあるという、この基本的なところはやっぱり揺るがせにできないし、もう一度きちっと復活させないといけないと思うんですね。

藤井　それが復活できない国民は、あっさりいって滅び去るしかない、あるいは存続する資格がないんですよね。それが国家なのか何なのかという、いろんな議論はあるかもしれないですけれども、少なくとも全体をまとめながらいろんな危機を乗り越え、そしてそれを担ってくださった方々に対して感謝をし、そして自分でも貢献していくという意識がなければ、その集団は存続できない。

チームニッポンというとぬるい言い方になりますけれども、そういう意識、あえて言うならば国家意識のようなものが何にもない国になったならば、あらゆる危機に対応できなくなりますから、それはもう生き残る資格がないとも言えますし、生き残ることが物理的に不可能ということにもなります。本当に今われわれは、土木にしろ国防にしろ、いわゆる安全の保障を自らの手で担保することができる民族なのかどうか、国家として存続できるのかどうかを問われているんだろうなと思います。

大石　あの3・11の大震災の後に何度も流れた、ニッポンが一つのチームですという言葉ですね。私は、あれは本当に大事な言葉だと思うんですよ。日本が一つのチームで、われわれ日本人はこのチームの外では戦えないんだということを、よっぽどよく理解する必要があると思いますね。

藤井　そういう中で、今行政の内部でいろいろとお手伝いさせていただいている国土強靭化も、危機を乗り越えるための、チームジャパンの取り組みなんだと言っております。

おそらくいろんな言い方はできると思うんですけれど――例えば挙国一致なんていう言い方もできるかもしれませんが――なかなか一般の方にわかっていただけない時に、一般用語で言うならば非常にわかりやすいのはこの「チーム」という概念なんですね。このチーム感覚をきちんと取り戻すことが、日本国民に求められているんだろうなと思いますし、それを学術用語で言うとナショナリズムという言い方にもなるんだろうと思います。

それさえあれば、大石先生が体験された、お母さんが子どもに対して「あんな人になっちゃだめですよ」ということもなくなる。それはもうチームの外の人間として大石先生を見ていた、というわけですね。自分たちはチームの中だけれども、あの人たちは「処理」をしているだけの、半ば「奴隷」のような人たちですと言っているのに等しいわけです。これはチームとしてやってはいけないことであるのは間違いないですね。

インフラは国民の生活の近くにある

大石　それでも、ちょっとお考えいただくと、わかっていただけるようなことは多いと思うんですね。私の経験で言わせていただきますと、技監になってすぐの頃にメディアプロデューサーの残間里江子さんとインフラに関する女性だけのシンポジウムを六本木で開催したことがありました。会場も女性だけ、パネルも女性だけとして参加者を公募し、あらかじめシンポジウムで述べたいことを提出してもらったのです。

するると、首都圏のある都市から、「ダムはもう要らない。熊本県ではいまだにダムを造ろうとしているが、熊本出身者として恥ずかしい」と書いてきた方がおられ、この方にこそパネルに参加してもらって意見を述べてもらおうということになりました。

このとき、彼女が住んでいる都市ではどこから水道供給がなされているかを調べてみると、戦後のダム開発に依っている部分が多いことがわかったのです。パネルの席でそのことをやんわり指摘すると彼女は、もう「恥ずかしい」とは言わなくなりました。彼女は先にダムの恩恵を受けている自分が、これからダムの恩恵を受けたいと考える人を批判できないと気付いたのですね。

つまりインフラが私たちの暮らしにいかに近いものなのかについて、考える機会を失っておられた。そういう機会を与えられてこなかったから、そんな考えにつながっていったんですね。だけど、ちょっとお考えいただいたり見ていただいたりすると、インフラというものが私たちの暮らしにいかに近いものかがわかるんですよね。

例えば、八ッ場ダムの建設が民主党政権時代に中止になりましたね。いまは、いよいよ前田武志大臣、太田昭宏大臣のもとで本格的に動き始めることになりましたが、結局何年か遅れることになりました。今年（2013年）の雨の降り方、あるいは融雪の状況を頭に置いて、7月現在首都圏では10％の取水制限を続けていますが、もし八ッ場ダムができていたら、この取水制限がどうなっていたか、国土政策研究所で試算してみたんですね。そうしたら、この時点で取水制限する必要はまったくなかったことがわかったんです。一部には報道がありましたが、ダムは要らないとかダムは無駄だとかいう言葉遊びのようなレッテル貼りが続きましたけれども、そうではないんだ、われわれの暮らしとインフラは近いものなんだということを、わかっていただくいい機会になるのかなと思っているんですね。

藤井　八ッ場ダムについては、結局工事が再開したということを考えますと、中断したことで非常に無駄な出費がかさんだわけで、中断せずに一気に完成させておけば50数億円安くすんだ、などという試算もあると聞いたことがあります。

大石　そうですね。３３００億円の投資が何の役にも立たないまま数年眠っていたということになりますから。

藤井　これだけでも巨大な機会損失になっていますね。

大石　そうですね。

藤井　インフラの話になると多くの人々の思考が停止してしまうのは、本当に残念な社会状況と言わざるをえないですよね。

大石　私は、土建国家だとかばら蒔きだとかいうレッテル貼りは、思考停止に誘導しようとしているところが問題だと思うんですね。日本が土建国家だと言うんだったら、この20年間公共事業を3倍に伸ばしてきたイギリスは土建国家と言わないのか。そういう議論からちゃんとやらないといけない。それをせずに、ずっと減らし続けてきた公共事業を少しでも伸ばそうとすると、土建国家だと言うんだったら、土建国家とはなんですかというのをちゃんと説明してもらいたい。そのうえでないと使えない用語なのに、安易に乱発しているのは、これはもう明らかに思考停止に導こうとするレッテル貼りなんですね。ここから脱却できる議論の方法をわれわれが身につけないと、議論は深まりもしなければ広がりもしないと思います。

日本の文明とヨーロッパの文明

藤井　ここまで、国土学のお話から始めていただきまして、今土木というもの、あるいは国土形成というものが、この世論の状況でどれだけ理不尽で不条理な扱いを受けているのか、この状況を放置していくと、日本の未来は非常に暗いものになってしまうんじゃないか、そんなところをお話しいただいたわけです。

それはまあ現状の世論ではあるんですが、実は人類の歴史を2〜3千年前、あるいはさらに1万年、2万年前というところまでさかのぼりますと、土木があることによって文明ができたということは明白なわけです。それをシビライゼーションと呼んでおり、だから土木とはシビル・エンジニアリングなんだということになるわけです。その意味でこの築土構木というもの、土木というものは、人類の根幹そのものに関わる問題だという側面があるわけですね。ですからこの平成の御世の、このうたかたの空気の問題はあるんですが、もっとスパンを長くとって文明論的に、人類学的に考えると、土木というものはいったいどういうものなのか。そこを考えていくことも、国土学の重要なポイントではないかと思うんです。

大石先生に京都大学で国土学の講義をしていただく時に、冒頭でもお話し申し上げたように私も受講させていただくんですけれども、その中で非常に興味深いなと思ったことがあります。日本の文明のあり方とヨーロッパの文明のあり方で大きく違うのは、ヨーロッパの文明のあり方というのは、城壁を築くところから文明がはじまる。そこから都市というものができる、あるいは人間の文化ができあがっていくという構造を持つ一方、日本はもう全然違う構造にある。すなわち土木のやり方そのものが文明の違いを生み出している、というようなお話を講義でもお聞きしましたが、ぜひそのあたりのお話を詳しくお聞きしたいと思います。

大石　公共事業で道路を整備したりすることはどういうことなのかを考えてみると、それは国土に働きかけて、国土から恵みをいただく行為である、こういう考えにたどり着いたことが国土学を思いついたきっかけだったことは申し上げましたね。そうしてみると、われわれの先輩たち、先祖たちは、どういう国土への働きかけをしてきたのか、それを時間軸に沿った形で見てみよう。あるいは世界の人々はどういう国土への働きかけをしているのかを、空間的に見てみよう。そういう考え方や興味に主軸が移ってきたわけです。

そしてずっと昔にさかのぼっていくと、私たち日本人もこの日本列島の上に住み始めて、文字も持たなかった時代から周辺の自然環境に働きかけて、灌漑設備を作るなどの努力をしてきた。じゃ、世界はどうなんだろうと調べてみると、なんと日本以外のほとんど全ての国が、中国も、ヨーロッパの国々も、都市を城壁で囲み、灌漑施設を用意することをやっていたことがわかったんです。

城壁が都市を作った

大石　パリやウィーンに城壁があったということは、訪れるごとに説明を聞いたりしますから、パリやウィーンを作る時に城壁を同時に作ったんだろうなというのはわかっていました。パリは、一番最初にシテ島の周りを城壁で取り囲んだのが町の始まりですね。シテ島は、まさしく「シティ」で、今でもフランス語では町はシテである、というところから始まって、パリが都市域を拡大するにつれ、城壁を拡大していったということがわかった。

そうすると、パリはせいぜい紀元前数百年頃からシテ島に人が住み始めたんですが、それ以前、今のヨーロッパ文明のルーツになっているあたりはどうなんだろうという興味がわいてきたんです。今のヨーロッパ文明のルーツになっているのは、これはエジプトでもなければ、インダスでもありません。まして黄河でもなくて、シュメール、すなわちチグリス・ユーフラテスの河口部になるんですね。チグリス・ユーフラテスの河口部では、一番最初は都市そのものが国家であるというスタートをしまして、今から5500年前にもう既にそういう都市国家を作り上げていました。そこには王様がいて、王制という統治制度も発明していた。それから宗教施設もありましたから、宗教というものも発明していたし、ちょっと時代が下りますけれども、楔文字も発明した。つまり現在の文明の基本みたいなものは、もうこの5500年前にあったんですね。

それを可能にしたものは何かというと、一つには彼らは農耕民族で灌漑施設を持っていたことです。灌漑施設を持つことによって、より効率的な収穫をあげることができるようになっていた。さらに、そうした町は――シュメールにウルクとか、ウルとかいう町の遺跡が残っていますが――城壁で囲まれていることがわかったんです。5500年前の文明を生んだのは城壁だったんだということがわかった。城壁の中で多くの人間が肩を寄せ合うように暮らしていくことができるようになり、そして農業生産以外の生産がやれるようになる。王様が生まれたり、手工業をやったり、文字を書いたりする人々が生まれるのは、農業生産に余剰力があったからですね。

今日では気象考古学というのが発達してきまして、シュメール文明が生まれた頃にはもうチグリス・ユーフラテスのあたりは寒冷化が始まり、乾燥化が始まっていたことがわかっています。したがって、山岳民族だとか遊牧民族にとって、寒冷期でまったく食料がないという時期があったに違いないんですね。

そうした連中が、あの農耕民族でシュメールの連中は作物を貯め込んでいるぞ、さあ、みんなで攻めろと言って攻めてきたに違いない。攻めてきて穀物を奪っていかれたら1年分の労働が無になりますが、同時に愛するものの死を目の前で見なければならないことになる。

これは避けなければいかんということで、城壁を造るという大変手間隙のかかる、お金もかかる、労働力もかかる事業をみんなの力でやって、そしてみんなで暮らしていく以外に、自分たちの文明は維持できないんだということに気がついた。

で、調べてみますと、フランス語のシテ、英語のシティの起源は、ラテン語で言えばキビタスという言葉で、これは大勢の人が壁の中に集まっていることを指す言葉だそうなのです。つまり壁、城壁というものが、都市という言葉の内部概念に入っているということなんですね。中国にも「邑」という文字があるように、世界各地の文明の歴史を調べていくと、日本以外のすべての民族がと言ってもいいくらい、城壁の中に囲まれることによって人々が安心して暮らせる生活環境を手に入れている。それが彼らのインフラに対する価値観を育てたに違いない。みんなでお金を出しあって、みんなの努力で、みんなで守り抜かなければ、安心して暮らすことができないインフラというものがあることを発見したのですね。

インフラが世界の文明をもたらした

大石　それと同時に、特にヨーロッパの場合ですけれども、その狭いエリアの中で大勢の人が肩を寄せ合うように暮らしていくためには、みんなが守らなければならないルールがあって、そのルールを守らせるしくみ、つまり法律制度や司法制度などの発達にもつながっていった。都市の城壁の中に住むということは、殺されないための条件ですから、当然都市の中に住むことは権利になります。権利ということは必ずそれに伴う義務があるわけで、都市の中で、みんなと仲良く暮らしていくためのルールに従う、あるいは都市の城壁にいざという時はみんなで守りにつく、そういう役割を担うところから市民というものが形成されていった。それが、そのずっと後で生まれてくる近代市民のルーツになったのではないか、このように思ったんですね。

昭和31年に世界銀行の調査団が日本にやってきました。名神高速道路を造るのに世界銀行からお金を借りなければならない時代だったのです。団長がワトキンスという有名な方なんですが、この方が先進工業国にしてこれほど道路網を無視した国はないということを言われて、私たちは衝撃を受けたんですね。昭和31年ですから、もう戦後の本格的な道路整備が始まりかけていた時代なんですが、そういうことを言われている。これは日本の道路の歴史の中でずいぶん大きく書かれている話なんですが、なぜ昭和31年にアメリカからやってきたワトキンスに、おまえらは道路インフラがわかっていないと言われなければならなかったのか。それは、世界的な文明におけるインフラ観が、私たちには欠けているということだと思うんですね。

藤井　今出てきましたキビタス、これが城の中に一緒に住むという言葉でありますけれども、これがシビル・エンジニアのシビルの語源になる。これが文明そのものであるわけですね。

したがって城壁で囲むという、そのハード・インフラストラクチャーが、ヨーロッパやユーラシア、あるいは日本以外の多くの地域の文明をもたらしたという事実があるわけです。

で、例えば日本においてどういう議論が、それと類似してあるのかというと、われわれの先輩でもある和辻哲郎先生が『風土』という本を書かれています。重要な本なのでよく引用しますし、私自身、学生にもしばしば薦めているものです。和辻先生の風土論とは、自然環境があって、その中でそれぞれ地域の文化、文明ができていきます、ということが書かれているんですけれど、そこは受動的なストーリーとして書かれているんですね。つまり、あくまでも人間の営みは、その土地土地の自然環境に合わせて出来上がっていくものであって、人間の営みすべてが、自然現象そのものであるかのように描かれる。

この和辻先生の風土論は、日本人として精神的によく理解できますし、こういう発想はとりわけ土木においては大切だろうということで学生に読ませたりしているんですが、どうしても違和感があるところがあります。それはどこかというと、確かに、人類という存在は自然に対しての「受動性」があることは間違いないんだけれど、大石先生が国土学でいつもおっしゃられる、自然に働きかけて、そして恵みを得るという、こちら側の意志によって状況は変わっていくんだという「意志」の力が、和辻哲郎の風土論には希薄、ないしは、欠落しているんじゃないかと感じるところなんですね。

大石　そうですね、私もそう思いますね。

藤井　日本文明においてこのキビタスという概念がないことを、僕はある種の強みだと思っていますし、日本人のすばらしさだとも思っているんです。けれども、このキビタスによって市民というものができあがって、社会制度ができて、そして政治制度ができていったんだというユーラシアを中心とした流れを、それがいいものか悪いものか置くとしても、ここまで近代化してしまった現代人は、きちんと理解しておくことは非常に大事なんじゃないかと思うんですね。それがなくて、日本人がいつまでも風土、風土と言っているのは、これは敗者の論理であって、日本の弱点だと思うんです。

大量殺戮の経験を通じて得たもの

大石　都市城壁を必要とした、しなかったというのは、先程の説明ではちらっとしか言いませんでしたけど、要は大量虐殺の意思を持って攻めてくる連中と遭遇しなければならない、それと対峙する覚悟があるかどうかということになるんですね。中国なんかも典型ですけども、大量殺戮の意思を持ったものが、とんでもない数で突然襲いくる、というようなことを何度も何度も経験してきたから、都市城壁を作ったわけです。現在の西安の都市城壁は、長安の時代のものの3分の1の規模だと言われていますが、それでもあれだけ大きいものを作らなければ、安心して都市の中に暮らせなかった。都市城壁だけではなく、万里の長城まで造らなければならなかった経験をしているわけですね。明の時代には、国家が傾くほどのお金を長城の建設に使ったと言われています。中国からヨーロッパに至るまで、それをやらないことには安心して暮らせないような環境だったわけですが、われわれはその外にいるわけですよね。これがわれわれのインフラ観をものすごく歪めているところがあると思います。

ちょっと今日のメインテーマから外れたところで言いますと、彼ら、特にヨーロッパ人は、そういう大量殺戮の経験も通じてですけれども、人の命を懸けてでも実現しなければならない正義があるという文明をずっと持ち続けてきています。これは旧約聖書に詳細に書かれています。

日本で旧約聖書が紹介される場合は、ほとんど陰惨な殺戮場面は省略されていますが、旧約聖書というのは創世記から含めて、実に凄惨な戦いの場面ばかりでありまして、ここで何万人屠ったというような描写がいっぱい出てくる。神が約束したカナンの地にイスラエルの民が落ちつくまでに、少々の犠牲を伴ってもよろしい。カナンの地に今誰か住んでいたら、おまえたちにあの土地を約束したんだから、今住んでる人は全員殺してもかまわない、ということを神様は言われるわけですね。そういうものを背景とする文明に育ってきた民族との違いという意味では、これは重要な歴史解釈上のポイントだと言えるように思うんです。ところがこの重要性を言われる歴史家がほとんどいらっしゃらない。

藤井　そうなんですね。僕は、大石先生の国土学を勉強していて常々感じるんですが、日本のインテリの皆さんは、空間とか建造物というものを含めた思想、哲学を論ずることを徹底的に忌避してきているんですね。明治以前は違ったかもしれないですが、近代化以降、少なくとも戦後なんて色濃くそうです。

これは日本における特殊な現象であって、例えばゲーテの『ファウスト』のラストシーンは「土木」――具体的に言うと、干拓事業――の話で終わっていたりしますが、ヨーロッパにおいては、建造物や都市計画、そして土木を踏まえたうえで思想・哲学を論ずるというのは、ある種当たり前の話なんです。その一方で、日本では、国土計画のことを論じたり、都市計画のことを論じるのは、それは僕たちの仕事ではないというふうに切り捨てたうえで言論活動を行うというのが、日本のインテリゲンチャの大きな特徴だったんじゃないかと思うんですよ。

これは明治期からそうだったのかもしれませんが、いまだにこれは続いていて、それによって日本の国益が相当毀損されているように思うんです。たとえば、保守論壇というのは、安全保障の議論が好きでいろいろ論じるわけですけれども、安全保障というのは実は二つあって、軍事的安全保障問題と生活安全保障問題というものがある。生活安全保障問題において重要なのは、地震とか津波とか噴火とか、大雪・大雨であったり、あるいはエネルギーの安定供給なんかもそうかもしれませんけど、そういうところはすべて土木がかかわってくる議論なわけです。ですから、軍事的安全保障としての国防の議論、自衛隊の議論と、このシビル・エンジニアリングの土木の議論というのは、国家の存続にとってどちらも同じ重要性を持っているわけです。

国土計画は人文社会科学の問題である

藤井　保守議論というのは、国家の存続という目的のために議論するわけですから、軍事も土木も、どちらも同じ安全保障の問題として同じレベルで議論されるべきだと思うんです。にもかかわらず、軍事的安全保障問題は論壇においては徹底的に論じられるくせに、インフラについては申し訳程度にしか語られてこなかったんじゃないかということに、僕は最近気づいたんですね。

この思想とか哲学の、あるいは論壇のこの空気を変えなければ、日本の存続はかなわないのではないか。思想的なことを語る時に、生活安全保障と言ってもいいかもしれませんし、あるいは土木と言っても国土と言っていいのかもしれませんけど、そういうリアルな大地と結びついたような議論ができなければ、日本はとんでもないことになるんじゃないか。そういうことを大石先生の国土学を勉強するたびに、いつも感じているんですね。

大石　ちょっと違うかもわかりませんけど、お亡くなりになられた梅棹忠夫先生が、公共というものは制度と装置から成るというようなことを論じておられる本があります。公共の中で、制度論については例えば時代が変われば新しい法律制度が必要になる、ネットの時代になると著作権の概念が変わってくる、みたいなことはみんな一生懸命議論されるんですね。ところが、同じように人間を支えるための装置系のほうは、これも時代が変わるにつれ新しい装置がどんどん必要になってくるにもかかわらず、あまり議論がなされない。

道路の例で言っても、道路の整備が始まった戦後の初期は、とにかく舗装をすることが道路整備だった。ところが、70年になって交通戦争といわれた時代になると、やはり車道と歩道を分けなければとか、歩道柵がついていないと道路と言わない、というように変わっていったし、環境の時代になってくると、道路に緑がないなんておかしい、ちゃんとした緑がないと道路とは言わない、というようになってきた。そんなふうにして、道路整備にしても昭和30年頃から熱心にやってきましたが、舗装していれば道路の整備だったという時代から、どんどん整備の内容が変わってきているわけです。

ほかのインフラにしても、ずっと昔だったら、下水道なんかはそんなに必要だと思われていなかったかもしれませんけど、やはり水洗トイレが普及しはじめると「ぼっとん」ではもう用が足せなくなってきているということになって、下水道ネットワークもきちんと整備しないといけないということになる。

さらに通信の時代になってくると、今までまったく誰も想像していなかったけれども、光ファイバーが各家庭に届かなければもう暮らしていけないようなことになってくるように、時代の変化に応じて装置のほうも、制度が変わるのと同じように整備されていかなければならない。こうしたことについての議論が、先ほどの話じゃありませんけれども、キビタスの概念を欠いていることもあって、定着していかないことが本当に不思議でならないのです。

藤井 そうなんですね。おそらく制度のほうは、場合によってはたとえば法学者や社会学者たちが、哲学などとからめながら議論していく、人文社会科学系の仕事だと思うんです。一方、ハード的な装置のほうを社会の変動にあわせながら作りかえていくという議論も、本来は人文社会科学系の素養がなければできないはずなんですが、日本の状況の中ではそういう議論は、すっぽりと人文社会科学系の人々から無視されてしまった。そしてその議論はすべて、われわれ土木工学科の人間が担当することになってしまっていたわけです。担当させられてしまったというか。

例えばヨーロッパにおいては、町づくりとか都市計画というのは、これはウィリアム・モリスとかジョン・ラスキンといった思想家がやった事例があるように、シビル・エンジニアリング（土木）とソシオロジー（社会科学）が、かなり有機的につながったような形で議論がなされ、都市計画とか国土計画が進んでいったところがあるんですが、日本においてはこういう国土計画、都市計画というのは、単なる「技術の問題」として「土木工学」の中に封じ込められてしまっているんです。

そのおかげでといっていいかと思いますが、僕自身は「土木工学」科出身の人間であるからこそ、人文社会科学をベースにしながらそんな国土や都市の問題を論じようとしているわけですが、本来ここで論じている議論というのは文明論そのものであって、人文社会科学のど真ん中に位置するもののはずなんです。

その意味で、日本における都市計画とか国土計画を巡る社会的な位置づけというのは、非常に歪んだところがあるんじゃないかなと感じるんですね。当然ながらわれわれはこの状況の中で徹底的に議論は尽くしていくわけでありますけれども――たとえば、この「築土構木の思想」でのいろんな人々との対談はその一環でありますが――この国土計画を巡るアカデミズム界、言論界における歪んだ構造は、十分に社会的に認識されていないのではないかと思います。

公共経済学の怠慢さ

大石　都市計画や国土計画が、日本人の心象だとか、あるいは暮らしぶりにとんでもなく影響を与えて、考え方そのものをも変えていくわけですから、社会学の対象でなければならないのは当たり前ですけども、もう一方で言うと、私は公共経済学の怠慢だと思うんですね。

藤井　公共のための経世済民をやっているわけですから、当然ながら公共経済学が都市や国土を徹底的かつ包括的に論じ尽くしておくべきだったはず、なんですね。

大石　世界中の首脳が、オバマさんも英国のキャメロンさんも、自国の経済成長と国際競争力増強のためにインフラ整備が必要だと言い続けているのに、日本からだけそうした議論が出ない大きな背景の一つに、私は公共経済学の怠慢があると思います。

藤井　そうですね。実際に海外の公共経済学で言いますと、典型的な議論というのはケインズの議論があります。彼自身は経済学者というよりも哲学者であって、ヴィトゲンシュタインの友人であったような人間でありますが、本当に教養のかたまりであって、ありとあらゆる理論、ありとあらゆる社会学的な論理というものを知りながら、そのうえで公共の経済政策を論じていったわけです。本来はそのような素養でもって、経済政策とは論じられていくべきものなんですが、日本の場合は、濃厚なセクショナリズムがあって、「公共経済というものは、だれそれが書いた論文に書いてある範囲のことだけやっていればいいのであって、むしろ、そうす『べき』で、それ以外は皆邪道だ」みたいな得体の知れないルールを勝手にでっち上げて、たこつぼ的研究を重ねる、という風潮が強い。そこにこの公共経済学の衰退というものがあったのではないか、とも感じます。

大石　そうですね。私は学者じゃなくて実務者ですから、好き勝手なことを言わせていただくと、私は今の日本の学者に教養の幅がまるで足りないと思いますね。京都大学の先生の前で言うのは大問題かもわかりませんけれども、そのように思えてしかたがありません。広くなければ深くならないという梅原猛を評した言葉がありますけど、本当にそうだと思うんですね。私はびっくりしたんですけど、投資家のジョージ・ソロスも、もともとカール・ポパーの影響を受けた哲学者なんですね。だから彼が書いている可謬性の問題だとか、再帰性の問題という問題提起は、あれ哲学者の仕事ですよ。それが日本の経済学者とか、そういう世界ではまるで感じられないですね。

藤井　本当にそうですね。

日本の文脈、日本人の文脈

藤井　これまでは土木というのはいったいなんなのか、並びに国土学というのはいったいどういうものなのか、国土に対してわれわれはどういう働きかけをして、そして、どういう恵みを受けて生きてきたのか、というところからお話を始めました。さらに話は遡りまして、シュメール文明の頃から土木というものがわれわれ人類の、あるいは社会の、あるいは政治の、経済の有り様のすべてを決定してきた根幹なのだと、そんなお話を聞かせていただきました。主にヨーロッパにおいて、どういうような文明ができあがって、その文明ができあがった背景には城壁というものがあったんだというお話をいろいろとお聞きしてきたわけですが、当然ながら日本においては、日本独自の国土への働きかけがあったということは、これは論を待たないところだと思います。

そのあたりにつきましては、大石先生に『国土と日本人』というご著書があります。国土が日本人を育て、日本人が国土を作った。これは哲学的に言うと、解釈学的循環というものので、「主体が環境を作り、環境が主体を作る」という、永遠の循環を繰り返していくこと、これが「生きる」ということなのだと、例えばオルテガという哲学者が語ったりしているわけです。日本人が、そんな循環的な歴史の中でどう国土とかかわって生きてきたか、という主題が、この大石先生のご本の中で、大きなスケールで浮かび上がってきます。

ここからは、この「日本人」という文脈、「日本」という文脈で、国土学についていろいろとお話をお聞きしたいと思います。今、われわれ日本人がどういう国土を作っていくべきなのか、その中で当方が僭越ながらいろいろなところでお仕事をさせていただいている国土の強靭化というもの、そして日本の未来のお話とも関係してくると思います。

ここまでお話にありましたキビタス、すなわち城壁を造りその内側で共に暮らすことで文明ができていったというときの城壁とは、大量殺戮をやってくるような外国の、集落以外の人々の殺意、これに対抗して作ったというお話でしたが、この背後にあるのは、ユーラシアの文明というのは殺しあいによってできてきたという側面が色濃くあるという事情です。

一方で、日本人はそのような形で大量に人は死んでいないけれども、大災害ではたくさんの方々がお亡くなりになってきた。この大量の人々が死ぬという契機が、海外においては戦争である一方で、日本においては自然災害だったんだ、このことが決定的に日本と日本以外の文明の違いをもたらしたんだということをお聞きして、非常に深い感銘を受けたんですが、そのあたりのお話をもうすこし詳しく、大石先生からお聞きしたいと思います。

大石 人間が最も深くものを考えたり、強く感じたりする契機はなんだろうと考えてみると、私は愛するものの死を目の前で見たときに、こういうことは二度とあってはならないと感じたり、考えたりするのではないかと思うわけです。自分の愛する娘や息子たちが目の前で死んでいく。海外では多くの場合、殺されたりするところを、日本の場合は自然災害で流されていったり、地震の割れ目に落ちたりするところを見てしまうと、これが二度と起きないためにはどうすればいいんだろうかと考える。そしてこの死をどう受け止めたらいいんだろうかと感じる、というところが一番大きいと思うんですね。

もちろん美しいものを見ても、おいしいものを食べても、人間は感動したり、深く感じたりするものですけど、一番心の根底を揺るがすものは愛するものの死に出会った時だと思うんです。それが中国からヨーロッパに至るあたりでは、もちろん大災害でも亡くなっていますが、それよりはるかにたくさんの数の人が紛争で亡くなっているんですね。紛争で亡くなるということは、これは殺されて亡くなっているんです。殺したやつは必ずいるんです。

死の受容の仕方が違う

大石　私たちの場合は幸いなことに、目の色も違う、背の高さも違う、しゃべっている言葉も違うといった連中が突然大量にやってきて、われわれの親しいものを片っ端から殺していくというような経験はまずしないですんだ。そういう幸せな国民であります。しかしながら突然川が盛り上がって溢れ、私たちに恵みを与えてくれていた海が急激に何メートルも何十メートルも盛り上がって、私たちの愛する者を奪っていくということが頻繁に起こってきた、そういう国民でもあるわけですね。

そうすると、死の受容の仕方というものが当然変わってくるわけです。ヨーロッパの場合は、中国もそうですけど、殺される死でありましたから、今回殺されたけれども、次回殺されないためにはどうすればいいのか、殺された理由を調べることができます。兵力が劣っていたから、作戦を間違ったから、武器が不十分であったから、訓練が足りなかったから、というように極めて合理的に考えた答えを次から次へ生み出していけるわけです。あるいは敵の陽動作戦に振り回されたのであれば、情報の持つ意味を考えようということにもつながっていきます。それに対して時間をかけてきちっとした準備をすればいいわけです。

ところが、わが国の場合は、突然に川が溢れだしたり、地面が動いたりすることによって亡くなっていった死であるわけです。今日のように文明が発達した現在でも、地震の予知はまず不可能だと言われていますね。天候による災害にしても、大雨が降ったら洪水が起こるのはわかっていて、日本中で毎年のように大雨が降ってもいるわけですが、どこでもいつでも降っているわけじゃないですし、それによって引き起こされる被害を予測することも簡単ではない。

最近でも大出水があったときに、おじいさんやおばあさんが、「私はもう80になりますが、こんな出水は初めてです」などと言っておられるわけです。文明が発達した今日でも、そのおじいさん、おばあさんの愛する者の死がもたらされるぐらいの被害を受けてしまうわけですから、江戸時代以前の、文明や技術が発達してなかった時代に、これを予測したり、備えたりするということはまずできなかった。備える努力はしましたけれども、十分に備えることはできなかった。地震に至ってはなおさらのことですね。そうすると結果として、襲いくる死に対して合理的な思考を持って用意することができない、そういう国民になってしまったのではないか。つまりは論理よりも情緒を優先するという、世界の中でもまったく稀有な性質を持つ国民になったのではないか、というわけです。

恨む相手がいない日本人の苦しさ

大石　私たちの日本語という言葉は、論理を組み立てるのには残念ながらそんなに適した言葉ではないが、自分の気持ちを表すという面では、非常に多様な表現ができる言語で、こんな言語は世界的に見てもまずありません。呉善花（オソンファ）さんが見事に指摘したように、「あんたに死なれたら困る」みたいな、こんなもってまわった言い方で自分の気持ちを伝えるなんてことは、ほかの言語ではまったくできない。でも日本語ではそれができて、そのことでお互いの気持ちを受けとめることができる。

一方、厳格で厳密な解がもたらされないものですから、厳格で厳密な言葉遣いだとか状況が好きではないんですね。これも有名な話ですけれども、「侘び茶」を始めた村田珠光（じゅこう）が、「月は叢雲（むらくも）が一番いいんだ」と言っているわけですね。まん丸くて輪郭がきっちり出てる月なんてよくない、雲がかかってる状態がいいんだ、という曖昧模糊とした世界をよしとする情緒と言語を育てちゃったわけですから、われわれは論理を育てられなかった。これが一つですね。

それからもう一つは、死の受容についてでありますけれども、ヨーロッパ人や中国人が愛する者の死を受けとめる場合、これは殺戮によるものですから、お前のかたきは必ずとってやるからなと、こういう誓いを立てないことには受けとめられないのです。だって殺されたわけで、自然に逝ったんじゃないですから、お前の死は無駄にならないように絶対敵討ちをしてやるという、この誓いを立てることによってやっとその死を受けとめることができる。

しかし、私たちの死は自然災害の死ですから、恨む相手がいないんです。この三陸の海の野郎、許せないと言ってみたって、三陸の海に頼ってしか私たちは暮らすことができない。この川が溢れたと言ったって、この川から水をいただかないことには来年の米作りはできない。したがって死の原因となった対象を恨んで、恨んで、恨み抜くということができない。これは非常に苦しい死の受けとめ方なんです。非常に苦しい死の受けとめ方なんだけれども、その死を受容せざるを得ないから、私たちは死を淡々と受けとめるという受けとめ方を、生きていくための技法として身につけたんですね。だからあの東日本大震災が起こった時もそうでしたし、実は阪神・淡路大震災の時もそうだったですが、列を乱さないでちゃんと並んでいるし、お店が略奪にあうだとかいったことにならない。

中国人やヨーロッパ人や朝鮮の人々が自然災害や死にあったときに、朝から晩まで泣きわめいているのは、私はこの死を受け入れていないという表現なんですね。あれを、見苦しくいつまでも泣き叫んでいるという見方をしては間違いで、私はあなたの死を受け入れていないと、死んだ人に表現している姿なんです。だけど、われわれはそれもできないのですから、非常につらい死の受けとめ方になっちゃっているんですね。

ここのところが彼らとわれわれを大きく隔てているところで、われわれの自然災害経験と彼らの紛争史経験がその違いをもたらしているんだということに、私は国土学をやっていて気がついたんです。

日本人は大震災を受けとめられる

藤井　今政府のほうで、東日本大震災をある種の契機として、この日本の国土を強靭なものにせねばならないということで、国土強靭化という取り組みがすすめられようとしています。当方は、そんな取り組みの契機ともなりました『列島強靭化論』という本を書き、「列島強靭化10年計画」というプランを立てたわけでありますけども、これの発想の原点は何かというと、3・11の時に見たある映像です。

震災のときは京都におりましたので、テレビでしか被災地の状況は見られないわけでありますけれども、津波でいろんな田園が潰され、人々が、町が流されていく、そういう映像を見ながら、1日たち、2日たち、3日たち、ある時、震災でぼろぼろにつぶされてかろうじて立っていた住宅の2階におられた老人が、自衛隊によって助けられたというシーンがあったんですね。私は、これを1回しか見てないので、不正確な記憶しかないんですが、助けられた方がツカツカとカメラの前を通りすぎるわけです。その時に、家はボロボロになってありますし、ひょっとすると肉親やおそらく知り合いの方もお亡くなりになっているであろう、その方が本当に晴れやかな顔をしてにっこりと、「チリ地震の時もわれわれは流された。あの時も町を作り直したんだから、もう1回作り直せばいい。もう1回やればいい」とおっしゃった。正確な言葉は忘れてしまいましたけれども、もう1回作りなおせばいいと、そのとんでもない地獄のような瓦礫の山の中で、何とも晴れ晴れとした表情で、にっこりと、あっさりとおっしゃったんですね。私はそれを見たときに、「この国は大丈夫だ」と、直観(！)したんです。

これは、今大石先生がおっしゃったように、大災害を、完全に「受けとめて」らっしゃる姿なんですね。この状況をすべて受けとめて、しかも受けとめた上で悲嘆に暮れるんではなくて、もう一度作ろうという雄々しき、そしてすがすがしい心を持っておられる。なんとたくましく、なんとしなやかで、なんと強靭な精神だろう、と思ったんですね。

僕はそれを見たときに、「よし、このおじいちゃんの精神の中にある、その『強靭さ』を、日本の国家全体に敷衍し、実現せねばならない、いや、そうするんだ」と——僭越ながら、一人で勝手に——決意したんです。それが3月13日のことで、京都の自分の家のこたつでじーっと映像を見ながら、「よし、やってやろう」と思った。そこからつくり出したのが、列島強靭化10年計画でした。

ですから、僕がイメージした「強靭」という言葉のイメージの根幹は、実はそのおじいちゃんの精神なわけです。ですが、その強靭さは、そのおじいちゃん「個人」だけに固有の強靭さなのでは断じてない。そうではなくて、そのおじいちゃんの精神に現れ出でた、日本民族全体の潜在的な共通意識、あるいは、エートスそのものなんですね。日本民族が持っているこの強靭さ、しなやかさというものを、もう1回この歴史的な文脈の中で具現化せねばならないと感じたのが僕の直観であって、そして、それは断じて不可能なんかじゃなくて、絶対可能なんだと僕に確信せしめたのが、そのおじいちゃんの、清々しい佇まいだったんですね。まさにこの日本人のおじいちゃんが大地震を受けとめたがゆえに、僕も受けとめなければならない、そしてそれだけではなくて、自分も含めたわれわれ全員が受けとめて、そして受けとめるだけではなくて乗り越えて、明日の日本を作らなければならない——と、思ったんです。たぶんそれが大石先生が書かれている、『国土と日本人』の日本人としての一つの形だったのかもしれないですね。

大石　そうですね。日本人の勤勉性を説く向きがいろいろありますけども、勤勉性が生まれてきた要因は、自然災害に繰り返し繰り返しあってきたことだと思いますね。賽の河原の石積みのように、積んでも流され、積んでも流されしても、また積みつづけるということが私たちの精神の根底にあるから、これだけ勤勉性を持ちえた。それから、アジアの中で最も早く近代化に成功することができたというのも、新しいことに挑戦する気概を持っていたということであり、それもまたこの災害が養った私たちの精神性だと思いますね。

城壁の論理を取り入れる必要性

藤井　僕個人としては、本来はそういう状況に日本はあったと思うんですが、昨今のこの平成の御世においては、少し状況が変わってしまっているように思います。どうやら今の日本の世論の中で、この国土強靭化ならば国土強靭化、あるいは国土をきちんと整えていこう、この自分たちの住処を整えていこうという取り組みに対して、思考停止あるいは全体主義的な風潮でもって阻止しようとする「営み」があるように思います。これは「自然の営み」ではなくて、「人間の営み」なんですね。したがって、この国土を築き上げるという取り組みの中には、この世論との戦いという側面もどうしても持たなければならない、そんな時代にわれわれは生きている気がするんです。

かつての日本人、たとえば昭和時代の日本人というのは、戦う相手は、「自然」だけだった。その中で国土を災害にも強くして日本人を守っていくということをすればよかった。ところが今の日本人は、自然と戦いさえすればいいのではなく、国内の思考停止的な世論、全体主義的で不合理な世論とも向き合い、そして、そういう世論を作り上げようとする言論人や評論家達とも戦わなければならない、という状況に立ち至ってしまった。自然と世論という、両面の敵と戦わなければ、国土は結局、強靭化できない、ということになってしまうわけです。

だから、事ここに至った今となっては、われわれは、ヨーロッパ人たちが培ってきた「人間同士の戦いの経験知」も、この国土の未来を作りあげるために導入せねばならないのかもしれない。キビタスの論理、城壁の論理、あるいは軍事的安全保障の論理と言いますか、そういうものもこの国土を造りあげる要因のひとつであるわけで、今、日本人を守り国土を造りあげるためには、必要な論点なのではないかなということを感じるんですね。

その中で、大石先生が城壁のお話をされた際に、城壁はヨーロッパの議論であって、これは日本では全然違うとおっしゃられたわけですが、たとえば日本で最も大切な御所を守るときの壁は非常に低いもので、つまり日本人は壁というものを作らずに、「陛下を皆で敬う」という、精神的、文化的な要素を強化することを通して守ってきた。さらにその町の外側には、宗教的な象徴である比叡山があり、神社があって、陰陽道的な「結界」を作って、文化的、宗教的、精神的に御所を守っていた。これが日本文化の特徴であり、おそらくは自然災害との戦いの中で培われてきた日本文明というものの特徴だったのだと思うんですね。

その一方で、城壁の文明というのは外からの侵略を防ぐという論理、これが諸外国の論理なんですよというお話をされたわけですが、それをお聞きしながら思い起こしたのが、今若者に超絶な人気のあるマンガ・アニメである『進撃の巨人』なんです（笑）。

『進撃の巨人』の物語というのはご存じない方もおられると思いますので、簡単に説明しますと、城壁都市の中に住んでいる人々のところに、ある日突然、その壁の外側にいる何十メートルもある「巨人」が、街中になだれ込んでくる、というお話です。この巨人ですが、人類にとってはトンデモなく悪いやつで、手当たり次第に、周りにいる人間を食っちゃう。しかも人間の何十倍もあるどでかい存在ですから、ちょっとやそっとじゃ、この巨人に勝てない。だから人類は、人類の滅亡を避けるために、この巨人と徹底的に戦っていく、という物語なんですね。

で、この巨人、先ほど申し上げた話になぞらえて解釈すると、突如出現した災害と、人間の悪意の双方を包括する存在なんですね。別に巨人には知性があるわけじゃないので、自然災害のようなものでもあるんですが、なんといっても、見てくれは完全に人間と一緒。だから、人々は、友人や肉親が食われれば食われるほど、この巨人に対して憎悪の念を募らせていく。この点は、自然災害とは全く違って、ちょうどヨーロッパで、外部の人間に侵略されて肉親が殺されていくという状況と同じわけです。

日本の歴史的に形成された精神を考えれば、このパターンの物語に対して人々が大きく反応する、ということは例外的、ともいえるわけですね。そもそも日本人は、外敵とどう向き合うかというよりも、自然災害とどう向き合うかという物語の中で生きてきたわけですから。

にもかかわらず、今の若者には、外部からの侵略に対してどう戦うかということの物語が、超絶に人気があるんですね。これは、大変に興味深い現象だとも言えるように思います。ようやく、第二次大戦における空襲の意味をまともに理解する世代が生まれつつあるということかもしれませんし、あるいは、海外や多国籍企業からの、明確な略奪的、侵略的意図を持った経済的な侵攻に対する大いなる反発を今の若者が、潜在的に募らせつつあるということかもしれません。いずれにしても、「ヒトの顔をした輩による侵略」に対して「戦う」という物語に対して、今の若者は大いに反応しているわけです。そして若者だけではなくて、このアニメを当方に勧めた我が家の中2の坊主を通して、世論や似非評論家達との「戦い」に日々辟易した日常を過ごしている、この40の身空の私の精神も揺り動かしているんですね（笑）。だけどまさか大石先生の精神は揺り動かしてないだろうと思っていたところ、噂によれば大石先生も大ファンらしいですね（笑）。

大石　まあ、大ファンというか……はい（笑）。あれを若者が受け入れているというのは、私が説いてきた城壁論から言うと、ちょっと突き崩されたようなところがある気もしています。ここまでお話ししてきたように、日本人は外敵からインフラによって守られるということを経験しないですんだものですから、インフラに対する意識が非常に弱いし、本来インフラと呼べばいいものを公共事業という言葉にわざわざ変えて、それに矮小化したイメージを押しつけて……というような状況があるわけです。けれども、子どもたちはそうではなくて、極めて素直に城壁というインフラストラクチャーをめぐる攻防である『進撃の巨人』の物語を受け入れている。このことについては、私の国土学的な論理は崩されているのかもわかりませんけど、やや安心したと言いますか、まだこの国には未来があるなと思わせる根拠にもなっているんですね。

『進撃の巨人』から見えてくる希望

藤井　おそらく黒船がやってくるまでは、大石先生が記述された、きれいな風土の世界が日本においてできていたと思うんですが、黒船以降の近代を受容してきたこの150年間で、城壁の論理というものがかなり日本文化に流入してきていると思うんです。

それに対しては、あくまでも日本人としての戦い方で戦うべしということでずっときていたと思うんですが、最近言われるグローバル化の時代になると、グローバル化という「壁の向こう側の人間の営み」によって、ものすごく理不尽な被害を受けることに、多くの若者は気づき出したんじゃないかなと。

殺戮とまでは言わないですけども、たとえばシャッター街なんていうのはグローバル化のおかげで商店街が滅ぶ事態が生じたわけでありますから、犠牲者が出ていると言っていい。

そういう意味でわれわれ日本国民は、たとえば僕が3・11の直後に感じた日本人の強靭性というものをベースとしながらも、どこかでキビタスの論理、城壁の論理に裏打ちされた精神性を導入し、それらの双方を融合させ、アウフヘーベン（弁証法的な止揚）させて、21世紀の日本人というものを作っていかなければ、このグローバル化の趨勢の中で、精神の自立性を確保し続けることができないのではないかと危惧しています。つまり、悪意をもった悪魔との戦いというものを前提とした上で、日本人の精神のあり方を模索しなければ、（ちょうど、巨人に食われて、最後に吐き出されてしまうように）、グローバル化の中でワルい奴らにいいように使われるだけ使われて、家畜のように屠られ、生ごみのように捨てられて終わるんじゃないかと思います。

このグローバル化というものが、僕はもうまったく好きではないですけれども、黒船が来てしまった以降の日本に生きているわれわれとしては、このグローバル化なり近代化なりを逃れ得ぬ運命として引き受け、その上で次のバージョンの日本というものを作って、日本人とはこういうものだということを次世代に引き継いでいかなければならないのではないか。

そんなことを直観的に感じている中、今の若者が『進撃の巨人』でもうガンガンに精神が揺り動かされているのを見ると、ある種そういう契機が訪れる条件が整いつつあるのかなという希望的観測も成り立つようにも思います。もちろん、それに反応しているのは、あくまでも若者たちだけであって、彼らが大人になるにつれてそういう精神性がきれいさっぱり抑圧されてしまう可能性は当然ありますから、まったく楽観はできないですけれども、うまくやりさえすれば、この流れから新しい日本人の形、新しい日本人の精神を作り上げていくことができるんじゃないかと思うわけです。

大石　そう思いたいですね。若い人たちはあの漫画を通して、グローバルな時代が来るという言葉を彼らなりの翻訳の仕方でもって受けとめているところがあるんじゃないかと思いますね。これは決して鉄砲の弾が飛んできたり、ミサイルが飛んできたりするということだけじゃなくて、たとえば外国のファンドの連中なんて、1秒間を何万回と分割した大変短い時間に小さい金利差で売り抜けていって、トータルすればとんでもなく儲かるといった仕組みをどんどん構築して、日本の富を奪おうとしているわけですね。こうしたことも、グローバルという言葉の裏に、子どもたちが何かしら脅威を感じているところがあるのかもしれません。

藤井　そうだと思いますね。おそらくは子どもたちのほうがそういうことを本能的に感じていて、権力に近い人々、場合によっては大きな力を持っている人々のほうが、『進撃の巨人』のアニメのオープニングの歌ででてくる「家畜の安寧、虚偽の繁栄」の中に生きている可能性はあるんじゃないかなというふうに思います。

そういう意味で、国土の強靭化というものは、伝統的な日本人として自然の大災害にどう立ち向かっていくのかという命題と共に、グローバル化という「壁の向こうからやってくる脅威」とか、あるいは理不尽な世論という「悪いヤツら」とも戦いながら、達成しなければならないのではないかと、思います。

議論の風呂敷が小さすぎる

大石　ちょっと抽象的な言い方になるかもわかりませんけど、3・11が私たちに問いかけたものはなんなんだろうかと、相当深く考えなければならないと思いますのは、それは耐震のあり方だとか、あるいはL1、L2といった地震の規模によって対応の仕方を変える考え方が足りなかったんだというレベルの問題ではなくて、私たちは東北を戦後どう取り扱ってきたかという問題なのです。それは一貫して首都圏からの収奪であったわけです。

藤井　そうなんです。ふざけんなという話なんですよ、本当に。

大石　一貫して首都圏からの収奪対象として見てきて、1961年には三大都市圏に61万人の若者が、東北や地方から職を求めてやってきたわけですね。それで今どうなっているかというと、彼らはもう戻るべき地域がどんどん疲弊していますから戻れない。一般的に言って、東北は首都圏に比べて生活不便地で、生活不便地なのに高齢者をそこに残してきてしまっている。若者は帰っても職がない。そして経済評論家の連中は、東京に人が集まってくることは経済学的に見て合理的なことだと、平常時が永遠に続く前提で非常時をまったく考えもしないレベルのことを平気で言うわけですよ。

でも、経済学だけがわれわれの生きるための論理かというと、決してそうではなくて、お祭りなんてものを通じて地域と触れ合い、日本人であることを感じたりすることも、われわれの生存理由の一つですよね。そうしたことを極めてないがしろにしてきたことがあるように思うんです。

経済的に繁栄する、経済的に豊かになる、ということは大事ですけれども、それだけを追い求めてきて行き詰ったというのが、この戦後から3・11に至るまでの間の出来事だったのではないか。そして原子力発電所のような、場合によっては危険なことになりうるものを首都圏の外に置いてきたというわけですから、これは首都圏のおごりが問われたということも、考える必要があるんではないかと思います。3・11の総括のしかたというのは、今なされている議論では風呂敷の大きさが足りない、私はそのように思いますね。

藤井　そうですね。かつて、首都直下型地震である関東大震災の直後、日本の言論人たちはものすごい大きな風呂敷を広げながら、関東大震災を徹底的に論じたわけです。寺田寅彦しかり、渋沢栄一しかり、いろいろな方々が天譴論――天罰ということですが――を論じたりしたわけでありますけれども、3・11以降、どうもその時に行われた議論の風呂敷の大きさに比べると、矮小化された議論ばかりがされているんじゃないかと思うんですね。先ほどの経済の理論に乗っかって、経済的に豊かだったらそれでええやないかというんだったら、これはもう家畜と変わらない存在になってしまうわけです。従って、「家畜の安寧、虚偽の繁栄」に甘んじてていいのかというのが、3・11以降われわれに突きつけられている問題なのではないかと思います。

大石　そうですね。

藤井　そこを乗り越えられれば、初めて国土が強靭化し、日本国民が豊かになっていくんだろうなと思います。

さて、国土学の創始者であります大石久和先生に、『国土と日本人』『日本人はなぜ大災害を受け止めることができるのか』といったご著書で書いておられる内容を踏まえ、また、道路局におられた時、国土庁におられた時のご経験も踏まえて、多岐にわたってお話をお聞きしてまいりました。今、政府でとり行っております国土の強靭化という議論は、大石先生がおっしゃっておられるすべての議論をなんらかの形で反映しながら進めていかなければ、本当の意味で、この国土は、日本国民、日本国家というのは、強靭化しないままに終わってしまうのではないかと感じさせる、非常に深い含意のあるお話だったと思います。大石先生、本当にありがとうございました。

大石　ありがとうございました。藤井先生も、あらゆる世代の日本人が日本のすべての地域で誇りを持って暮らしていける、そういう国土になることが強靭化の究極の目標だというつもりで、頑張っていただきたいと思います。

藤井　これからもぜひご指導、ご鞭撻よろしくお願いします。どうもありがとうございました。

補講2

土木叩きの民俗学　藤井聡

土木バッシングはなぜ起こるのか

土木は、私たちが暮らす「文明社会」と、その外側にある「自然」との境界に関わる仕事です。自然の中に、私たちが暮らす住処を都市や国土というかたちで作りあげていく営み、それが土木です。

だからこそ、土木というものは、英語では「シビル＝文明」という言葉が含まれた「シビル・エンジニアリング」と言われているわけであり、自然の猛威の中で生きのびる事すら難しくなった人々を救い出すために環境を整える「築土構木」と言われたりしてきた訳です。

そしてゲーテは、人々が共に手を携え、自然の中で暮らしていこうとする「土木」の姿こそが、「最も美しい姿」なのだと評した、という次第です。

ただしこれまでの歴史のなかで、土木というものはこういう視点からのみ論じられてきたのではありません。また、全く異なった視点から、いわば「自然を汚すもの」として、認識されてきたという、負の側面もあります。そして、その負の側面は、今日わが国に吹き荒れている「土木バッシング」「土木叩き」と大いに関連しているように思います。

本日は、こうした切り口から、土木というものを捉えたお話をいたしたいと思います。そしてこの問題をじっくりと考えることではじめて、近年起きている「土木バッシング」「土木叩き」の、最も根本的な理由が、くっきりと浮かび上がって参るのではないかと思います。

さて、「土木バッシング」の背景、というと、「ああなるほど、いわゆる田中角栄などの政治家の汚職の話なんじゃないか」とか、「利権と土建屋が絡んだ汚い話なんじゃないか」などとイメージする方がおられるかもしれませんが、それだけではどうしても説明できないことがあります。

それは何かというと、そういう「利権の話」というのは、日本だけで起こるのでは決してないということです。当然ながらアジア諸国においても起こり得るものですし、ヨーロッパにおいてもアメリカにおいても、当然あり得る話です。だとすると、こうした「利権」の話が、土木バッシングの最も重要な理由なのだとしたら、土木バッシングの嵐が世界中で吹き荒れていても不思議ではないはずです。

ところが、現実には全くそんなことはありません。私は世界各国に土木の関係者、経済学者、心理学者を含めていろいろな知り合いがおりますが、ここまで非道く土木が叩かれるのは、どうやら日本においてだけなのです。

日本では、大災害が起きて多くの方が亡くなったにもかかわらず、その瞬間においてすら、土木バッシングの手が休められることはありませんし、むしろ、そういう時こそ、よりバッシングが加速される、という現象がしばしば見られます。そんな話を海外の知人たちにすると、皆一様に絶句します。

たとえば、笹子トンネルの事故が起こり、メンテナンスの必要性がクローズアップされたにもかかわらず、土木バッシングがメディア上で「加速」されている、という現象が起きています。これはどういうことかというと、「これからはメンテナンスの時代だ。新しいものをつくっていくような時代ではない。だからこそ、新しいモノをつくる土木は、もう止めなければならない！」という理屈です。このような論調は、笹子トンネル事故以後、あらゆる新聞や雑誌、テレビで繰り返し喧伝されはじめました。

あるいは、私たちは東日本大震災直後の、いわゆる「大手五紙」の社説を計量分析したのですが、さすがに、そんなタイミングでは、土木バッシング記事は減少していました。しかし驚くべきことに、例外的な新聞社が一つあったのです。日本経済新聞です。日本経済新聞においては、他紙とは真逆に、震災直後に土木バッシングの記事が「増えている」というデータが上がっています。まるで「土木が必要だ」という議論が立ち起こってくるだろうと予期し、それに対するカウンターとして、よりいっそうワクチンを打つかのように、土木バッシングが大きく展開されたようにも思えます。

民俗学から得たヒント

私のまわりにいるアジアやヨーロッパからの留学生たちにこういう悲しい話をすると、みんな一様に信じられないという反応です。「そんなバカな話があるのか!? 地震があったじゃないか。インフラが崩れているじゃないか。どう考えても、土木に対してきちんと国力を差し向けないと、国民の幸せが保証できないじゃないか」。ホントに皆、海外の方々はそう仰います。「いやいや、どうせ利権を膨らますだけだろう」なんてことを言う人は、スウェーデン人にもイタリア人にもアメリカ人にも韓国人にも中国人にも一人もいない。

にもかかわらず、日本ではそんな言説がまかり通っている。

こんな異常な状況の背後には、日本固有の何らかの特殊な理由が潜在しているんじゃないだろうか――と考えてきました。

ついては、その理由を探るために、いろいろな方法で研究を進めて参りました。当然最初は、工学的、統計学的にいろんなデータに基づいて分析したりしていましたが、それではどうにも理由は分からない。ついては心理学、とりわけ社会心理学や政治心理学、あるいは社会学、はては文学などにも研究対象を広げました。オルテガの大衆社会論や、哲学のプラトンとかソクラテスの話なども当然重ね合わせて議論しました。そして、そうした諸研究を通して、利権政治に対する忌避感や、政府や行政に対する信頼、はては、人々の俗悪なる大衆性など、様々な、土木叩きを行う意識の原因が、一つ一つ明らかになっていきました。しかしながら、これらの理論はいずれも、全世界に共通する問題を炙りだしているものであって、日本人固有のこの土木バッシングを説明するロジックをまったく提供してくれませんでした。

そんな風にして、かれこれ10年以上、この、日本における異様な土木バッシングの背景を考えてきたのですが、ここ最近、「あっ、これだな」と直感する理由を提供する学問に巡り合いました。

民俗学です。

私はここ4、5年、民俗学の方々といろいろな仕事をご一緒するようになりました。地方の疲弊した村や街を活性化するのは土木の大きな仕事ですから、街づくり、村づくりのために民俗学の方とよく意見交換をするようになったのです。それでいろいろとお話を聞いたりしていたところ、こんな事実につきあたりました。

それは、民俗学の教科書に出ている学術用語ですから、そのまま申し上げますが、土木というか建設行為、壁を塗ったり、トンネルを掘ったり橋を架けたり、井戸を掘ったり、こういうことは、昔は、いわゆる「河原者」、古くは「非人(ひにん)」、あるいは江戸時代には「穢多(えた)」と呼ばれた方々が、中心になっていたという事実です。*

「非人」という言葉は「人にあらざる」と書くわけですが、これはいま一般的にわれわれがイメージしている割合よりも、ずっと大きな割合で存在していたと言います。たとえば、芸能人も非人ですが、工業に携わる職人さんも非人と呼ばれていた。さらには、商業をやっている方も非人に分類されていた。

江戸時代以前においては、お百姓さんは「人」であっても、それ以外の人々は「非人」という扱いをされていたのです。そういうなかで、土木的行為というものももちろん、そういう非人の方々、あるいは河原者と呼ばれた方々がやっていたわけです。

私は、「なるほど、これが土木バッシングの根底にある問題ではないか」と直観いたしました。それから何年間か、あれこれと文献を読んだりして、この問題を学生と一緒に研究して参りました。まだこの研究は推進中で、さらに文献を集めているところでありますが、現時点でも、かなりいろんなことがわかって参りましたので、今日はそのあたりのことを、いくつかお話しししたいと思います。

日本で地鎮祭が行われる理由

そもそも日本には、土木にまつわるいろいろな言い伝えがあります。たとえば、スサノオ

＊　たとえば、網野善彦『日本の歴史をよみなおす（全）』ちくま学芸文庫（２００５年）を参照。

ノミコトのヤマタノオロチの物語なども土木関係の話だという説もある。ヤマタノオロチは、出雲のあたりの八本の川を意味しているのであり、その氾濫の様子を象徴的に描いたのが、ヤマタノオロチの物語ではないか、そして、その治水事業をしたことを象徴しているのがスサノオノミコトの物語ではないか、等です。そういうことも含めて、土木にまつわるいろいろな民俗学的な文献調査やインタビューを重ねて、わかってきたことがあります。

もともと日本では、八百万の神がおられると考えられてきています。八百万の神というのは自然の中におられる神々です。山にもおられ、海にもおられ、そしてその土地ごとにもいらっしゃる。人々は太陽であるアマテラスオオミカミからすべての恵みをいただきながら生きている。日本人にとっては、自然そのものが神であるわけです。

したがって土を非常に深く掘るという行為は、それ自体が「犯土（ぼんど）」と呼ばれ、「穢れ」をもたらすと言われてきました。土を深く掘る、つまり、土地を大きく変えてしまう行為は、自然の均衡を打ち破る、非常に「邪悪な行為」であると、認識されてきたのです。

面白いのは、文献によりますと、おおよそ1メートル以下の土を掘り起こす行為は犯土と呼ばれなかったそうです。おそらくこれは、田畑を耕すのは犯罪ではないという（ことにしなければツジツマがあわなくなる、という）ことと大きく関連していると思います。先に江戸時代以前では「お百姓さんは人とされ、それ以外は非人とされていた」と紹介しましたが、この「犯土の定義」は、こうした「人の定義」とも関連してくるものと言えるでしょう。

したがって井戸を掘るというのは、非常に大きな犯土行為となるわけです。
犯土ですからそこに「穢れ」があります。
穢れを抑えこむためには、よほど強い「聖」の力が必要になる。
したがって非常に古い時代には、行基（ぎょうき）や空海などの僧が、その、カリスマ的な宗教性でもって、土木工事を先導すると同時に、その事業の過程で必然的に生じた「穢れ」を清める、という役割を担ったわけです。このように土木という行為と宗教行為が、非常に大きく関連していたわけです。

こういった感触は、いまでも実際、色濃く残っています。

たとえば現在の土木現場でも、「トンネルを掘る」ということは宗教的に恐ろしい行為であるということは、建設業界の方の多くが肌で感じておられるということを、しばしば耳にします。そして何より、土木工事をする場合は、必ず「地鎮祭」という、その土地土地の神々の怒りを治める祭りを行います。もっと調べるとどこかにあるのかもしれませんが、私は日本以外の国で地鎮祭にあたるような行為があるという話を聞いたことがありません。

つまり、この21世紀の今日ですら地鎮祭という「呪術的」な儀式を土木の現場で執り行い続けているのが、我が日本民族だ、という訳です。そうである以上、私たち日本人の精神の奥深くには、「土木」という行為が「自然を穢す」ものなのだという認識が、いまだに色濃く存在していると考えざるを得ないでしょう。

そして、この日本民族の精神に胚胎した「土木に対する穢れ意識」が、日本固有の土木バッシングの民俗学的理由を形作っているのではないかと思うわけです。

たとえば最もわかりやすい例を挙げますと、宮崎駿の長編アニメ『千と千尋の神隠し』です。あれに「腐れ神」という、どうしようもなく汚い、腐りきった化け物の様なものが出てくる。そこに主人公の女の子が出てきて、腐れ神に刺さった自転車のサドルを持って引っ張ると、そこから一気にヘドロが出ていって、その腐れ神は清らかな龍神になる、というシーンがあります。

このシーン、昔は綺麗だった清らかな川が、土木によって開発されてできあがった都会の中で汚染されてしまった姿を表しています。すなわち土木という開発行為によって川に宿る八百万の神が穢されたということが暗示されているのであり、それと同時に、そんな穢された神を清めたいという願望と、その裏返しの、川を穢した開発行為=土木行為に対する罪悪感やそれを咎め立てる意識が、暗示されているわけです。

土木の原罪

私はかつて、『正々堂々と「公共事業の雇用創出効果」を論ぜよ』（日刊建設工業新聞社）という本を書き、そのなかに「土木の原罪」というコラムを掲載したことがあります。その中で、土木は必要なものかもしれないけれど、開発行為にはある種の原罪がつきまとうんだ、だから、土木関係者は、その原罪を引きずって仕事をしなければならないんだ、ということを書きました。

こうした原稿を当方が書いたのは、やはり、日本人固有の「犯土」の意識が、当方自身の精神の奥深くに潜在していたからに違いありません。

しかしながら――もしも、明治や大正、昭和の日本人達が皆、そんな「犯土」についての「原罪」の意識に完全に支配されていたとしたら、この近代日本は一体、どうなっていたでしょうか――。

当時の西洋列強は皆、それぞれの国の国土を土木を通して開発し、工業化し、経済を発展させ、それらを通して軍事力も高めていました。そして、そんな経済力と軍事力を背景に、後進国を植民地化していく帝国主義を、それこそグローバルに展開していました。そんなときにもしわれわれが、古式ゆかしい美意識のみに従い、犯土を避け、一切の開発を回避していたとしたら、日本が西洋列強の植民地となっていたことは、ほとんど間違いないでしょう。

そうだとすれば、いま私がいるこの部屋だって、この椅子だって存在しなかったに違いありません。さらに言うなら、今、われわれが使っている日本語だって、残されていたかどうか、疑わしい。多くの植民地がそうであったように、英語かスペイン語かを話す、極東の一現地民族となっていた可能性も十二分に考えられるわけです。

さらに言うなら、今、ここでお話ししているような「犯土」の意識を含めた、「日本人の美意識」が、どこかで消滅してしまい、今日に至るまで伝承されなかったに違いない、と考えることもできるでしょう。

この最後の論点は、極めて重要な結論を、われわれに示唆しています。

それはたとえば、『千と千尋の神隠し』で宮崎駿が美しげに描いた日本人の精神的美意識を「残す」ためには、時に、その美意識に「背いた行為」に従事し続けねばならない——という逆理が存在するのが、この現実の世界なのだ、という結論です。つまり、もし、明治や大正、昭和の先人たちが、この「逆理」を飲み込む度量を持たず、たとえば宮崎駿の映画の様に、ただただ、犯土を忌み嫌い、自然破壊をただただ批判しているだけの存在であったとするなら、結局は、われわれは、宮崎駿映画を見て喜んでいられるような「美意識」を持つことすら、許されなかったのです。

ただし——それは何も、人間のみに当てはまるものなのではありません。

生物というものは全て、外部から食料を摂取し、そして、環境に排出し続けて生きていくものです。ですから、生物はすべからく環境を乱すもの、そして、日本民俗の伝統的な発想で言うなら、「穢れ」というものはそもそも「環境を乱す」ものなわけですから、結局、生物というのは全て、何らかの形で、自然を「穢す」ものなのです。

そうである以上、「穢れ」の全てを忌み嫌い、環境を乱すということそれ自体を禁止するとするなら、全ての生物は死滅せざるを得なくなります。そして、人間もまた、土木を行わずとも、生物として生きていく以上、必ずや何らかの形で環境を乱し、それ故に「穢れた」存在となることは不可避なのですから、やはり、過剰に「穢れ」を忌避するなら、われわれは皆、死滅する以外に道はない、ということとなってしまうのです。

こういった「生物」である以上、避けることができない「穢れ」の問題、さらに言うなら、そうであるが故に、生物である以上背負わざるを得ない「原罪」の問題が、最も色濃く表れ出る行為が「土木」なのではないかと思います。なぜならあらゆる生物の行為、あらゆる人間行為の中で、最大の影響を自然環境に及ぼすものが、人間が執り行う「土木」という行為だからです。

そうである以上、生物、ひいては人間として生きる上で避け得ぬ原罪を乗り越え、力強く、自らの生を生き抜くためには、土木の原罪を全面的に引き受ける精神の度量が人間には絶対的に求められるのではないかと思うのです。だからこそわれわれ人間は、とりわけ「日本人」は、その原罪と穢れ、さらには、それと同時にゲーテが描いたその崇高さも含めた形で、土木について徹底的に考え続けなければならないのではないかと思うのです。というよりむしろ、こうした土木の真実に気づく人々が限られているとするなら、土木に関わる言説を徹底的に展開していくことは、土木に携わる人間にとっての「責務」なのではないかとすら感じます。

現代の地鎮祭に垣間見ることができる土木の「穢れ」あるいは「原罪」の部分は、ゲーテが描いた土木の「崇高さ」「美しさ」と同様に、人間存在の根幹に、土木という行為が深く結びついていることを含意しているように思えてなりません。こう考えるなら、今日の激しい「土木バッシング」という社会風潮の存在は、われわれ日本人が土木の原罪を乗り越え、より崇高なる民族にならんとするための、生みの苦しみの一つである、と言えなくもないのかもしれません。ただしもちろん、多くの日本人が、勝手気ままに暮らし、その暮らしの過程で排出された様々な穢れを、特定の人々に押しつけ、そのうえでその人々を差別する、という日本人のおぞましく醜悪な精神故に吹き荒れているのが土木バッシングなのだと解釈「出来る」という事実は、決して忘れてはなりませんが――。

いずれにしても、この問題は、われわれ人間とは、そして日本人とは一体どの様な存在なのか、そしてわれわれは今、どこから来てどこに向かおうとしているのかという巨大な問題と重なりあうものです。ですから、軽々に全てを語り尽くすかのように申し上げるわけにも参りません。ついてはこれからも引き続き、図書館に埋もれた古い文書でもあさりながら、さらに考えを深めて参りたいと思います。そうした中でさらにまた何か思考がまとまりましたら、その折りにはまた改めてお話さしあげたいと思います。

ついてはひとまず、本日のお話はこれにておしまいです。どうもありがとうございました。

第5章
築土構木と経世済民の思想

青木泰樹×藤井聡

青木泰樹（あおき・やすき）
1956年、神奈川県生まれ。早稲田大学政治経済学部卒、同大学院経済学研究科博士課程単位取得満期退学。帝京大学助教授、帝京大学短期大学教授を経て、現在、東海大学非常勤講師。会社役員。専門は経済変動論、シュンペーター研究、現代日本経済論。著書に、『シュンペーター理論の展開構造』（御茶の水書房）、『経済学とはなんだろうか　現実との対話』（八千代出版）などがある。

経済学はインフラをどう考えているか

藤井 今回は、青木泰樹先生にご登壇いただきまして、経済学の視点からインフラストラクチャー、築土構木、さらには国土強靭化のことをお話しいただきたいと思っています。どうぞよろしくお願いします。

青木 よろしくお願いいたします。

藤井 青木先生は経済をずっと修めておられて、私が非常に勉強させていただいた教科書である『経済学とはなんだろうか——現実との対話』（八千代出版）という本を出されています。私事で恐縮ですが、当方、内閣の官房参与としてお手伝いをする前、安倍総裁が総裁になられる前から、自民党の先生がたに「デフレ脱却が必要であり、そのためには内需の拡大が必要である」と申し上げていました。それにはいわゆるニューディール政策的な取り組みが必要で、それをサポートするような金融政策も必要であると申し上げていたわけです。

そのとき準拠していたのは当然ながらケインズ経済学でしたが、青木先生のこの本に、非常に素晴らしい図がありました。実体経済と金融経済のふたつが分かれている。私たちの所得は、基本的には、これらの内の「実体経済」が活性化する事で増えていく。逆に言うと、金融経済がどれだけ活性化しても、私たちの所得は必ずしも増える訳ではない。だから、経済政策は、実体経済を活性化していくことが必要だ、ということが、明確に語られる

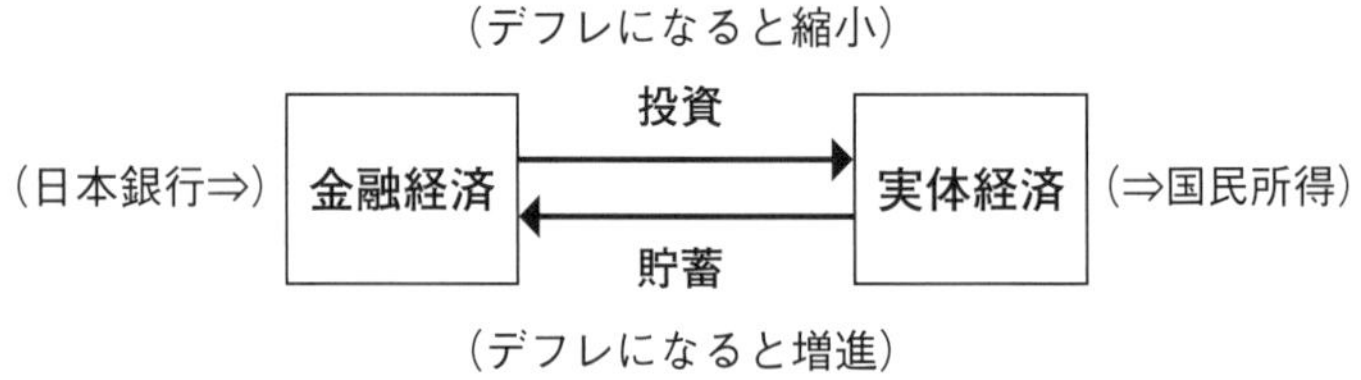

金融経済と実体経済、投資と貯蓄と、デフレと国民所得の関係

訳です。ただし、この両者の間には当然深い関係がある。両者は、「投資」と「貯金」によって繋がっている。「投資」をすると「金融経済」から「実体経済」にお金が行き、「貯金」をすると、その逆に「実体経済」から「金融経済」に流れる。だから、預金と投資によってお金があっちいったりこっちいったりする、と整理される。そしてその上で、デフレになるとお金の流れがどうなるかと書いておられる。つまり、デフレになるとみんな貯金ばかりして投資をしなくなる、結果、（金融経済がどれだけ活気づこうとも）「実体経済」が縮小していき、私たちの所得が下がっていく。つまり、貧乏になっていくわけですね。ところが、（適度に）インフレになると、その逆の事が起こって、所得が上がって、豊かになっていく、という訳です。

この図がホントに非常に参考になりました。おかげでより明確に、今となってはアベノミクスと呼ばれている経済政策をいろんな先生がたにご説明することができるようになりました。そしてそうした言説が、今のアベノミクスの推進に繋がっていったわけです。

築土構木を進めるうえでは、経済学、すなわち経世済民（つまり世を経め民を済うこと）の学問が本当に大事です。青木先生は経世済民の思想でもって、きちんと理論を重ねていく「経世済民学」としての学問をしておられる、数少ない素晴らしい先生だと常々尊敬申し上げています。そういう青木先生に、ぜひ今日は国土強靭化と経済学との関係というか、思想的なところをお話しいただければと思います。

青木　わかりました。実は私は、土木に関してはまったくの素人であります。藤井先生が取り組まれている国土強靭化計画を通じて、インフラ整備の重要性、土木の大切さなどを学んでまいりました。今日はそうしたことも含めて、藤井先生からお教えをいただければありがたいと思って参りました。どうぞよろしくお願いいたします。

まず、経済学はインフラ整備をどう考えているかと申しますと、実は量的な側面しか考えていないのです。ここが問題だと思います。すなわち公共事業費の予算規模と乗数効果だけしか考えていない。その視点だけなのです。

しかし、より重要なのは質的側面です。ケインズのたとえ話に出てくるような、ただ穴を掘ってまた埋めるだけの公共事業も、人々を津波から守る防潮堤を整備する公共事業も、事業規模と乗数効果が同じならば、経済学は同列に論じてしまう。そんなバカなことはないわけです。

藤井　そうですすね。

青木　その質的な側面に焦点を当てたのが、まさに藤井先生の唱えていらっしゃる国土強靭化計画だと思います。すなわち問題がどれくらい差し迫っているかといった緊要度の観点からインフラ整備に優先順位をつけていく。そうした判断基準を提示するものです。いままでの経済学はインフラ整備の質的側面をまったく考えていませんから、先生の主張なさっている国土強靭化は素晴らしい観点だと思います。

ところがここ十数年にわたって、公共投資バッシングといいますか、土木バッシングといいますか、謂れなき批判が公共事業に対して向けられてきました。そのため、公的資本形成がどんどん減少しつつあります。この謂れなき公共投資バッシングの背後には何があるかと言えば、それは現代経済学の事情があると私は考えています。つまり公共投資バッシング、イコール、ケインズ経済学バッシングというふうに私は認識しているのですが、そのへんの事情ものちほどお話ししたいと思います。

とりあえず国土強靭化と経済学の関係について、簡単に素描させていただきます。「想定される有事に対して平時より備えを怠るな」。これが国土強靭化の肝だと思うのですが、想定される有事というのは、かなり多岐にわたっています。ということは、国土強靭化の思想というものは、非常に広範な対象を含むものと私は認識しております。

想定される三つの有事

青木　私が認識している「想定される有事」は三つあります。まずひとつは地震、台風、津波などの「天災」です。われわれの住む日本は災害大国であります。天災は確かに事前に予知することは難しいのですが、われわれ日本人は経験上、非常に大変な目に遭ってきたわけですから、防災、減災に対するインフラ整備は、何をおいても当然のことだと思っています。経済学との関連でいうならば、経済学では「政府の為すべきこと」、そして「政府の為さざるべきこと」を恣意的に線引きすることによって、小さな政府が好ましいとか、大きな政府が望ましいといった議論が出てくるわけなのですが、いずれにしても天災に対するインフラ整備だけは、政府がなすべき範囲にきちんと入れなければならないのではないかと私は考えております。

二つめの「想定される有事」は人災です。こちらは天災と違って防ぐことができるのに、防がない。備えなければならないのに備えない。それによってトンネルの崩落や脱線事故など、非常に痛ましい事故が起こっています。相当昔に造られた高速道路や鉄道などのインフラが物理的に古くなるのは、もう目に見えていることなのですから、それに対する備えは当然必要なのですが、それを怠ってしまっている。そこには、ある経済思想が介在しています。

藤井　何なんでしょう、それは。

青木　それは「経済効率を第一に追求するべきだ」とする思想です。経済効率を追求していくと、最初に弾かれてしまうのが安全性に対する対策です。安全を維持するためにはコストがかかります。やらなきゃいけないけれど、どうしてもそれは後回しにされるというのが現状なのではないでしょうか。

従いまして、そうしたことに関しても政府主導できちんと制度化、ルール化をはかって、安全基準をきちんと徹底させるという方向が非常に大事なのではないでしょうか。

藤井　よく経済学では「不確実性の経済学」なんて言うものがあるにもかかわらず、リスクを直視しませんね。「不確実性の経済学というのはリスクを織り込んだ経済理論だ」なんて言っているのに。

青木　それはウソですね。

藤井　言葉にダマされちゃダメなんですね（笑）。

青木　たとえば大きなサイコロを振って、「3の目の出る確率はいくつですか」と言えば、6分の1とわかっている。ところが何の数字がかかれているかわからないサイコロを振るときに「35の目の出る確率は」と問えば、答えられないですね。すなわちリスクというのは簡単にいうと、「将来は過去の確率的表現である」、すなわち「歴史は繰り返す」ということを意味します。不確実性とは全く違います。

藤井　そうですね。サイコロの目に「1から6以外の目が描いてある」ということは想定していないわけですね。

青木　不確実なことはまったくわからない。ですから不確実性について考えたようなふりをしているのですね。

藤井　さらにいうと、その先にあるカタストロフィー（破滅）にいたっては、何もしていない。大規模な天災があれば、経済自体が消滅してしまうのに。

青木　天災、人災の次、三つめの「想定される有事」は国家の危機ですが、「国災」という言葉はありませんから、これは「国難」と呼ぶべきでしょうね。

この不確実な世界で、日本は軍事戦略上、さまざまな外圧にさらされています。またリーマンショックのような世界規模の経済ショックに対しても、われわれは極めて脆弱です。

しかしそれが起こることは、かなりの確率で予測できるはずです。だからしかるべき対策をとればいいのです。しかしここで一番問題なのは、どのような対策をとるべきなのかということに関して、国民間で意見が一致していないことです。より具体的に言うと、政策決定に大きな影響力を及ぼす与党の政治家の間で意見が一致していないことです。

たとえばグローバル化を推進するためにＴＰＰ（環太平洋戦略的経済連携協定）を推進しようという方たちの背景にあるのは新自由主義思想でありましょうし、そうではないよという方の背後にあるのはナショナリズムや民主主義でしょう。グローバル化段階に至った現在、ナショナリズムと民主主義は国家主権を守るという意味では、ほぼ同義となったと思います。

本当はわれわれ学者が、国民のみなさまや政治家のみなさまが適切な判断を下すための基準を指し示さなければいけないのですが、それは価値観やイデオロギーの問題を含んでいるため、なかなか難しい。

したがって三つめの有事である国難に備えるための国土強靭化計画、これが一番難しいのではないかと私は考えています。

アベノミクスと国土強靭化

藤井　もともと多くの経済学者は、インフラの事業をやることで生まれる雇用創出効果や景気刺激効果しか見ていません。インフラそのものが生み出す効果については見ようとしない。さらに「災いは起こらない」という前提でものごとを考えている。そうすると国土強靭化をやるべしという議論には当然ならない。

青木　なりませんね。

藤井　ということは、国土強靭化を進めるということは、「災いはある」「公共事業をやったら設備や環境が整備されるから、災いに対抗できる」という当たり前のことを認めるということになります。今ここにあるものを、ありありと手に取って見てもらわなければならない。でもいまの経済学は、現に目の前にあるものを、上手に見ないようにしているところがあります。

青木　しかし非常にうれしい話なのですが、去年（２０１３年）の12月、先生のご尽力によりまして、国土強靭化基本法が成立いたしました。また大綱も決定いたしました。

藤井　もう、本当にありがたいです。

青木　安倍首相も「国土強靭化計画は国家百年の計だ」と位置づけておられますので、これは非常にうれしいことです。そうした国土強靭化思想が具体化してきて本当によかったなと思います。それを最も目に見える形で具体化しているのは、やっぱりアベノミクスによる経済効果ではないでしょうか。

藤井　はい。「国土強靭化というものが、災いに対抗するものなんだ」というところまでは理解されるようになってきましたが、本当は、国土強靭化を行うことの帰結というものはそれだけではないんですね。経済的な効果も期待できるのです。まっとうな経済のお金の流れ、人の流れ、変化という経済活動を考えると、国土強靭化対策は、いわゆるアベノミクス効果をもつだろうし、ひいては経済成長とも当然ながら関係してくるはずなんですが、いまのところまだ十分にその認識が広まっていないかもしれません。

青木　そうですね。アベノミクスというのは、デフレ脱却を目的とした経済政策の総合的なパッケージです。

一方、国土強靭化は、広い意味での安全保障の思想、国防の思想だと私は思います。ですからデフレ脱却のためのアベノミクスと、国防の思想としての国土強靭化は、完全に一致するものではございません。しかし重なり合う部分があると思います。重なり合う部分が、アベノミクスで強調されている第二の矢ではないでしょうか。すなわちデフレ脱却のために国土強靭化を目的としたインフラ整備、公共事業、これを実施していこうじゃないか。これをデフレ脱却の手段として考えようというところまでは来ていると思います。

ただし私は、まだそれでは物足りないと思います。と言いますのは、もしもデフレ脱却のための方策として国土強靭化があるとするならば、それではデフレ脱却したあとはどうなるのか。

藤井　国土強靭化はいらないのか、ということになりますね。

青木　そういう話になってしまいます。国土強靭化は、好不況を問わず、やらなきゃいけない。命がかかっているわけですから。ということは、恒常的に国土強靭化計画を推進していくためには、ケインズ経済学をさらに発展させる必要がありますね。公共投資の推進、公共投資の効果は不況下において非常に大事だと言ったのがケインズですから、ケインズの論理を超えなければ、好況期における国土強靭化計画を積極的に推進する理屈はありません。

藤井　冒頭で先生がおっしゃったように、量的側面しか考えていない現在の経済学では、国土強靭化というものをフルで解釈することができないということですね。

青木　そう、そうなのです。

藤井　インフラ整備をせいぜい量的側面でしか解釈しない経済学が、国土強靭化を解釈できるとしたら、第二の矢（機動的な財政政策）効果ぐらいしか見えてこない。われわれの命を守るという国土強靭化の重要な部分が、現在の経済学では十分説明できない。過去の経済学を包含しつつ、これをちゃんと意味づけられる経済理論を構築することが必要じゃないかということですね。

青木　はい、その通りです。

国土強靭化が国民に安心感をもたらす

藤井　しかし国土強靭化には、第二の矢効果以外にも、経済を成長させていく効果があると思うのですが、いかがでしょう。

青木　国土強靭化が経済成長を促すかどうか。ここは非常に大切なポイントですね。私は、もしも国土強靭化によって経済成長が推進されるとするならば、はっきりいって、アベノミクスは国土強靭化の目的達成のための、なおかつ日本経済にとって最も素晴らしい効果を持つ政策になりうると思っています。ここが肝だと思うのですが、国土強靭化の思想というのは結局「想定される有事における被害の最小化」だと思います。しかし有事の際にだけ効果を発揮するのではない。平時における国土強靭化には、保険のような側面があると思っています。

藤井　それはありますね。

青木　個人が保険をかけるのと国家が保険をかけるのは、どこが違うかといいますと、個人が保険をかけた場合は、その保険をかけた分は所得から控除されます。すなわち所得が少なくなります。

しかし国家、政府が国民のために保険をかけると、その保険料は国民の所得になる。国土強靭化のインフラ整備は、民間に委託して行われるからです。ここに第一の効果があります。

さらに、それによって国民に対して安心感を与えることができると思います。特に災害大国日本においては、いつ何が起こるかわからない。そういうような状況では、民間の人々が積極的に投資をすることなんかできません。いままで政府の役割は、道路を造ったり橋を造ったりすることによって民間経済の役に立つということばかりが強調されていましたけれど、やはりこれからは不確実性の世界において、安心感をいかに与えられるかという側面がたいへん大事になってくると私は思います。

藤井　それが二つめですね。

青木　そして被害を最小化するということは、結局どういうことかというと、リスクを最小化するということですね。リスクを最小化するためにはどうするかといえば、リスクを分散することです。卵をひとつのバスケットに入れて運ぶよりも、いくつかのバスケットに入れて運んだほうがいい。これは株式投資の原則ですから、みなさんよくご存知だと思います。

カネも大事だが、命のほうが大事だろう

青木　同じことを国土強靭化の観点から言うと、災害時のリスクを分散させるには、人口を分散させることです。いまのわが国は、首都圏をはじめとして大都市圏に人口が集中しておりますし、太平洋ベルト地帯に人口が偏っているため、万が一のときに大変なことになってしまう。それをなんとか分散するかたちで、考えていかなきゃいけない。これは常識ではわかるし、リスク分散の大切さはみんな知っています。しかしながらそれは、またしても「経済効率の追求」という思想と真っ向から対立することになってしまうのです。

藤井　いまの社会では、人口が多いことの利点、つまり規模の経済が優先されてしまいますからね。

青木　私は「カネよりも命が大事だ」なんてことまでは申しませんけれど、少なくとも、「カネも大事だけれど、命のほうも大事じゃないのか」と言いたい。なんとか「リスク分散」と「経済効率の追求」の折り合いをつけて、「経済効率の追求」は程々にして、安全性、国土強靭化のほうもやってほしい。そういう政策転換を望んでいるところです。

藤井　いま国土強靭化がもたらす経済効果について、三つにまとめていただきました。一つ

はいわゆるケインズ効果といいますか、所得が増える、フロー効果ですね。さらに安心安全を保障することで未来の安定性を確保して、投資を誘発していく効果が明確にあるだろうということ。さらに災害そのものが起きたとき、被害を最小化するという効果。何もしないでいれば100の被害があったのが、40の被害で済めば、残り60は経済効果ですからね。

青木　それこそ国土強靭化の成果そのものですね。

藤井　最後の点にありました、分散化がいいという議論は、集中の恩恵や規模の経済を重視する効率性の議論と、真っ向から対立するものなんですね。数字で言えばこういうことです。リスクがゼロの世界では全部の卵をひとつのバスケットに入れて構わない。ところがリスクが100%の場合、これはひとつのバスケットに入れるのはバカというお話ですね（笑）。そうするとグラフで描くと、リスクの程度に応じて、最も適した分散化の程度がスライドしていく、ということになります。リスクが高ければ高いほど、より分散化していくことが合理的な戦略になる一方、リスクが低ければ低いほど、集中させることがより合理的な戦略になる。つまり、リスクが客観的に存在する状況下では、人々がそれが存在するということを「知る」だけで、分散化するほうが彼らの基準において、得策だ、ということになっていく。

こんな話は、あえてこんなややこしい言い方をしなくても、誰だってちょっと考えればわかるのだろうと思う。

しかし、ここで厄介な問題が出てくる。それは、「リスクを知る」という事のためには、一定の見識が必要だ、という問題です。そもそも、リスクというものは、定義上、まだ発生していないものです。で、先ほど、「多くの人々は、今、そこにあるモノですら見えていない」ということをお話ししましたが、リスクというものは、「今、そこには見えない」ものですよね。それは常に、あるかも知れない、という存在ですから、「見えるものさえ見えないと言っている人々」に、「あるかも知れないし、ないかも知れないもの」を、「見せる」ことはほぼ絶望的に難しい、ということになる。だから、そういう人には、「分散化の合理性」なんていくら言ったって、わかってもらえない——。

青木　そこをしっかり考えていただきたいと思います。

アベノミクスの三本の矢とは

藤井　改めて先生のお話をお聞きして、国土強靭化というのはいろいろな意味で、間違いなく経済成長にも寄与するんだなと整理して理解することができました。さて、ここからは、アベノミクスの理論的源流である青木先生に、三本の矢について詳しく伺いたいと思います。

安倍内閣では内閣発足以来、ずっとデフレ脱却を目的としたアベノミクスを続けています。これが成功するかどうかで、税収から民間投資から国際的地位からＧＤＰの拡大から失業率まで、何もかも大きな影響を受けます。デフレ脱却は国家的大目標に据えるべきであるという趣旨で始まったアベノミクスですが、実は安倍政権誕生までは「デフレなんて脱却しなくていいじゃないか」なんていう学者のみなさんがたくさんおられました。いまだにくすぶっているところもありますけれど、それでもずいぶん少なくなって、「デフレ脱却をしないといけないね」ということにはなってきた。

そうすると第一、第二、第三の矢の撃ち方、やり方を考えていくことが必要になってくる。だとすると、そもそもそれぞれの矢はどういう意味を持っているのかをしっかりと理解したうえで、運営していくことが大事になってくると思います。それがひいてはインフラの政策にも大きく影響を及ぼすでしょう。そこで青木先生に、アベノミクスの基本的な考え方を改めてお伺いしたいと思います。

青木　アベノミクスは三本の矢、経済政策のパッケージであります。第一の矢は「大胆な金融政策」ですね。これはリフレ派と呼ばれている先生がた、浜田宏一先生とか日銀の黒田東彦総裁の考え方にそったものであると考えられています。

第二の矢は「機動的な財政政策」。国土強靭化計画のインフラ整備、公共事業としての側面に焦点を当てたもので、いわゆるケインズ経済学に基づいています。当然なすべきことをするためには、金額にかかわらず財政を機動的に出動させることだと私は解釈しています。

第三の矢は、まだ明確な内容が提示されておりませんので、なんとも言えませんが、「民間投資を喚起する成長戦略」ということです。成長戦略にはかなり微妙なところがあるのですが、そういうふうなかたちでアベノミクスは一般的に認識されています。

まず一本目の矢の話からいたしますと、「大胆な金融緩和政策」というのは、リフレ派の理屈に基づいて打たれている政策なのですが、実はリフレ派の理屈というのは間違っているのです。しかしながら、大胆な金融緩和政策という政策手段そのものは適切なのです。ですからアベノミクスの第一の矢は、結果的におおいに結構だと私は考えています。

ではなぜ適切なのかというと、それには二つの理由があります。まず大胆な金融緩和。これは結局のところ、従来の量的緩和の拡大策として長期国債の買い切りを実行することです。長期国債を買い切るとはどういうことかといいますと、民間保有の国債残高を日銀へ移し替えるということです。私は常々主張しているのですけれども、それによって実質的に国債残高は解消できる。そういう方向の政策ですから、私は大いに為すべきだと思います。

藤井　それは青木先生が、アベノミクスのスタートよりもはるか昔から主張されていることですね。民間国債の日銀への移し替えというのは日本において必要なんだと。

青木　国債問題というと、とかく残高がいくら増えたから大変だという話になりがちですが、それはまったくの間違いで、保有主体の問題に過ぎないということを、私は常々主張してきたわけです。もしも、全ての国債残高を日銀が保有していれば、国債問題など存在しないのです。

国債問題とは、民間保有の国債残高に関するものなのです。民間経済が迷惑するという話なのです。国債が増加し続けると政府の利払いは増えるし、借金があまりに巨額になると元本自体返せなくなってしまうだろうから大変だという話なのです。しかし、日銀が全て持っていればどうなるか。日銀と政府の間でカネの流れ、資金循環が生ずるだけになります。それは政府内部の問題で、民間に迷惑をかけるものではないのです。国債を民間から日銀へ移し替えれば、国債残高自体は変わりませんが、実質的に国債問題は解消されるというのはそういう意味です。

もちろん、国債の日銀への移し替えが進めば、結果的に日銀のバランスシートは拡大します。しかし、それによって金利も上がらない、インフレも起きないならば問題はないのです。デフレ下とは、まさにそうした状態なのです。日銀のバランスシートの拡大を懸念する人がいるかもしれませんが、その圧縮策など技術的にいくつもありますので全く心配には及びません。

したがって、私の主張にそっているからと言うのも変ですが、大胆な金融緩和政策、長期国債の買い切りは非常に大事です。財政再建という立場からもそれは適切だと私は評価しています。

リフレ派が間違っている理由

青木　もうひとつ、大胆な金融緩和政策が大事だということは、第二の矢とも関連していま す。第二の矢はインフラ整備ですから、当然、その事業資金調達のためには建設国債を発行しなければなりません。建設国債を発行することに対して、まだまだ世間には「また国の借金が増えてしまう」、「まだ国債を増やすのか」と懸念する人たちもおりますから、それを払拭する意味でも、長期国債の買い切りというのは非常に大事です。すなわち第二の矢の補完としても、非常に大事だと私は考えています。

さらに景気に対する効果ですね。長期国債を買い切るということは、日銀が民間の金融機関から購入するということです。その代金として現金を渡すという話です。そうすると現金を得た民間の金融機関はポートフォリオバランスをもう一度組み直します。現金を持っていても仕方がないですから。その中には当然、株式等も含まれるわけですから、それが株価の上昇を生んでいく。株価の上昇によって必ず資産効果が生まれます。

ただその資産効果ばかりに頼っていても、景気回復は難しい。すなわち量的緩和をしつづけるのも、それはそれでひとつの考え方ではありますけれど、やはり株価の状況を見ながらやらなければいけないでしょう。なぜなら株価というのは、一般的に企業の業績で上がるからです。需給関係で上がる需給相場というのはある。バブルというのは需給相場の行き過ぎですから、そのあたりをよく見ながらコントロールしていく必要があると考えています。
さて、さきほど私は量的緩和がリフレ派とは別の意味で重要であり、リフレ派は間違っていると言いました。それについて簡単にご説明しておきたいと思います。

藤井 ありがとうございます、よろしくお願いします。

青木 リフレ派の考え方は、学問的には「うん、まあ、そういう考え方もあるのかな」という気がしますけれど、現実経済に当てはめることはちょっと難しい。不適切だと私は考えています。どういうことかと申しますと、大きく分けて二つくらい、リフレ派の考え方にちょっとおかしいなと思うところがありますね。
一つめは、リフレ派の方たちは、デフレ脱却のためにはとにかくインフレさえ起こせばいいんだと考えていることです。私は、インフレやデフレなどの貨幣現象というのは、実体経済を映す鏡だと思っています。実体経済、たとえば私が動いてはじめて鏡の中の私が動く。リフレ派の人たちは、鏡の中の人を動かそう、動かそうとしている。因果の方向が逆じゃないかと私は考えています。

藤井 もともとアベノミクスが国民に支持されているのは、それが失業率を下げ、倒産を少なくし、それが国民所得を上げてくれるだろうと多くの国民が期待しているからです。デフレはいやだとかインフレにしたいとか関係なくて、とにかく実質給料を上げてくれと。

青木 そうなのです。ですから、形式的にインフレにすればいいというものではなくて、結局のところ、インフレの内容が問題なのです。

藤井　インフレでしかも失業率が高いとか、インフレでなおかつ所得が低いということもあり得ますからね。

青木　そうなのです。そうなったら最悪になってしまいます。ですからやはり所得が増えて、総需要が増えて、ゆるやかなインフレになるのが国民経済にとっていいのですけれど、名目所得が上がらずに、輸入物価の上昇によってインフレになってしまうと、これはかなり厳しい。

藤井　もう地獄ですね（笑）。

青木　ですからインフレというのは内容が大事で、ただインフレにすればいいという話ではないと、私はそう考えます。さらにリフレ派の理屈が現実にそぐわないことも指摘しておきましょう。

非現実を見て、現実を見ない

青木　なぜリフレ派の方たちは、インフレにさえすればいいと考えているのでしょうか。リフレ派の方たちは「デフレは貨幣現象である」と常々言います。これはどういうことかと申しますと、結局のところ、ミルトン・フリードマンという方の貨幣数量説に依拠したお話

(＝マネタリズム)だと思います。経済学者の先生がたはあまり言わないのですけれど、マネタリズムは根本的に間違っている。どういうことかというと、マネタリズムは貨幣量を変化させると、名目値だけが変化して、実質値は変化しない。絶対価格だけが変化するが、相対価格は変化しないという話なのです。

藤井先生にこんな単純な話をするのは申し訳ないのですけれど、たとえばリンゴが100円、ミカンが50円だとします。100円と50円、これが絶対価格ですね。リンゴとミカンの交換比率が相対価格です。リンゴ1個とミカン2個を交換するということですね。マネタリズムの人たちは、たとえば10％貨幣量を増やすとどうなるかというと、リンゴ100円が110円、ミカン50円が55円になる。110対55は比率としては1対2で変わらない。相対価格は変わらず、絶対価格だけが変わるのだという話なのですが、実はマネタリズムには、中央銀行が民間経済へお金を渡すルートがまったく存在しないのです。

藤井　そうなんですよね。

青木　実際は、中央銀行が民間の金融機関に金を渡す。それが実体経済に融資として渡るという形になっているのですが、それを隠してしまっている。なぜ隠しているか。それを説明すると、マネタリズムの論理が崩れ去るからです。

藤井　都合の悪いことは隠蔽してしまう(笑)。

青木　たとえば中央銀行が民間銀行へ金を貸す。仮に全額融資というかたちで民間経済へ渡ったとしましょう。このとき融資を受ける人は誰なのかというと、投資をする人なのです。投資をする人というのは、自分の必要なもの、好きなものだけを買うのです。すべてのものを、一定割合ずつ買うわけではございません。

藤井　そりゃそうですね（笑）。

青木　たとえばさっきの例でいうと、リンゴだけを買うかもしれない。となると100円が110円にはなるわけです。しかしミカンは買わない。すると110対50で相対価格が崩れてしまう。貨幣が非中立的になってしまうのです。もちろんミルトン・フリードマンさんも頭のいい方ですから、それをごまかすために、「ヘリコプター・マネー」というものを考えた。つまり中央銀行が金融機関を介在せずに直接に民間経済にお金を入れることができるという仮想の話をしたわけですが、それもまた実は誤解に満ちています。

われわれはヘリコプター・マネーと聞くと、ヘリコプターから札束がばらまかれて好きなだけ拾えるように思いますが、好きなだけ拾っちゃいけないのです。

たとえば中央銀行が10％貨幣量を増やす。その増やすお金をヘリコプターからばらまくわけですね。しかしそれを好きなだけ取っちゃダメ。自分が保有している現金通貨の10％だけ。それ以上拾ってはダメ。それ以下しか拾わないで帰ってもだめ。それによってはじめて、「選好、嗜好が変わらなければ」という条件の下で成り立つ話なのです。これはもう現実経済を考えると、いかがなものかと私は強く思ってしまいます。

藤井　いやあ、面白いですね（笑）。なにしろ青木先生のご著書『経済学とは何だろう』のサブタイトルが「現実との対話」ですから。経済学は現実と対話しなければいけないという当たり前のことが、なぜか無視されてしまう。

青木　非現実的なものを見て、現実的なものを見ないという愚を犯す経済学者が多いということではないでしょうか。

藤井　整理すると、第一の矢については青木先生は大賛成ですよね。適切なかたちでなら当然やるべきだ。ただ論理づけはもう少し整理して考えないといけない。特定のミルトン・フリードマンだけもってくればいいというものではないと。

青木　それともうひとつ、金融政策一般に関する考え方ですが、アベノミクスの第一の矢を支持している方たちの中には、「第一の矢だけでいいじゃないか」と考えている方も多いのです。

藤井　それは怖いですね。第一の矢だけをガンガン撃てばそれだけでいいじゃないかと言われても、もしそれが間違っていたら、そのうちバブルになって、それが崩壊してしまう、そうすれば日本はまた奈落の底に落ちてしまいます。

青木　そうなのです。しかし、現代経済学の潮流としては、通常期においては金融政策だけでいいのだという考え方が主流です。恐慌とか非常事態が生じたときにはじめて、財政出動を併用する。「基本方針としては民間の人に自由に経済活動させましょうよ」というのが現代の主流派経済学の基本的な考え方だと思います。

期待が確実に実現する世界はやってこない

青木　ただ私は、第一の矢の金融政策だけでは限界があると考えています。どういうことかというと、伝統的な金融政策には金利操作、非伝統的なそれにはゼロ金利下での量的緩和がありますが、それらの論拠はいずれも実質金利のレベルと実物投資の間に逆相関関係が成立するということを前提にしたものです。すなわち金利が上がれば投資が減ってしまうし、逆に金利が下がれば下がるほど投資が増えて、景気がよくなるということになっている。基本的に理論はそうなっているのですが、私は、現実は本当にそうだろうかと疑問に思います。なぜなら実物投資をする場合、影響をおよぼすのは実質金利だけではないからです。

藤井　そうなんですよね。「だけ」ではない（数学的に言うなら、実物投資を従属変数とする「関数」を定式化すれば、もうそれだけでそんなことは一発でわかるはずです）。

青木　実質金利以外の部分を、たとえばマインド、将来に関する予測としましょう。そのマインドが投資を決めるわけです。実質金利が投資を決めるのは、マインドが一定のときのみ。将来予測が一定のときだけなのです。

将来予測が一定とはどういうことかと申しますと、予想が実現しているときです。「ああこれは予想通りだ。だから予想を変える必要がない」という話です。それでは誰の予想が実現するのですかというと、それは生産者の予想が実現するということです。生産者は何を予想しているかといえば、当然、自分のつくったものがいくらでいくつ売れるかを考えているわけです。それが実現するわけですから、これは素晴らしい。つくったものが全て売れる。売れ残りが生じない。まさに「セー法則」の世界が現出するのです。

ケインズの有名な言葉に、「長期においてわれわれは皆死んでいる」というものがあります。このマインド一定の前提が、私はケインズのいう「長期」だと思います。そうした期待が確実に実現するような時代は永遠に来ないよと言っているのです。一般の方だけでなく経済学者の方もけっこう誤解なさっていますが、長期とか短期というのは、そういう期待の問題だと私は思っております。通常は生産設備や価格水準の変動の有無によって長短を区別する方が多いでしょうけれど、期待のほうを重視したほうがいいと私は思っています。短期は長期へいたる単なるプロセスではない、全く別の状況だと考えているからです。現実はまさに「短期の連続（連鎖）」なのです。

そういたしますと、金融政策だけでなんとかできるぞというのは「ちょっと待ってくださいよ、その結果がいま出ているのではないですか」ということになりますね。

藤井　なるほど。だから第一の矢だけで投資が決まるということは、あり得ないということですね。結局やはりバランスが大事で、第一、第二、第三をきちんと、それぞれ適正に実行すること。しかもそれぞれが適正であるだけでなく、それらの間の「調和」が適正である状態を目指すことが必要なわけですね。

良い規制緩和、悪い規制緩和

藤井　それでは最後に第三の矢について、もしお考えがございましたらお伺いできればと思います。

青木　第三の矢は「民間投資を喚起する成長戦略」ですが、まだ具体的な内容が明確になっていないので正確に論評することは控えさせていただきますが、一応マスコミ報道などから漏れ聞こえてくる内容からすると、この成長戦略はかなり国民にとって厳しい内容のものになるのではないかと危惧しています。産業競争力会議でしたか、民間委員の先生や政治家の先生たちが、いま鋭意努力していろんな成長戦略を練っていらっしゃるのでしょうが、マスコミ報道によると、戦略は大きく分けて二つだと私は思いますね。ひとつめはトリクルダウン理論に基づく企業優遇策。つまり法人税減税しよう、あるいは雇用の流動化をはかろうというものです。

藤井　お金持ちがよりお金持ちになると、その余波にあずかってみんなが幸せになるというものですね。

青木　もうひとつの柱が、構造改革論に基づく規制緩和政策でしょうね。規制緩和自体にいいも悪いもありません。いい規制緩和もあるでしょうし、悪い規制緩和もあります。ただ一般的には、規制緩和と聞くと「なんでもかんでも引っくるめていいものだ」という風潮が極めて強い。

藤井　思考停止的なところがありますね。

青木　規制緩和によって官業が収縮し、民業が拡大すればするほどいいのだという、極めて短絡的な考え方ですね。その考え方からすると、私たちが一生懸命推進しようとしている国土強靭化計画など、もってのほかということになってしまいます。

藤井　公共的にやるな、民主導でやれと言われかねません。

青木　それはちょっとできないでしょうね。そういう方向に行かないことを願っています。規制緩和というのは、新自由主義的政策の一環です。新自由主義的政策というのは小さな政府論と構造改革論から成り立っています。

経済効率だけを求めるのは程々にしてほしいと私は強く願っています。「非効率な企業や産業は日本経済から出ていけ」というような乱暴なことを言う方が非常に多いのですが、とんでもない間違いです。だいたいそういうことを言う方に限って、自分よりも非効率な企業とか産業に向ってそんなことを発しているだけです。しかし自分よりも効率のいい企業や産業は必ずあるのです。日本中にも、世界中にも。それを忘れてはいけないと私は思います。

自分よりも効率的な企業や産業に属する人から「今度はキミが出ていく番だよ」と言われたらどうするのでしょう。相手めがけて放ったはずの弾丸は、めぐりめぐって自分の胸板を打ち抜くのです。これは子供でもわかるような幼稚な理屈であるにもかかわらず、まじめな顔をして「日本経済の成長を妨げるゾンビ企業を退出させよ」などと言っているわけですから。

藤井　「お前がゾンビじゃないって、誰が証明できるんだ」ということですね（笑）。

青木　まったく困ったものです。

藤井　アベノミクスは第一、第二、第三と、いろんな論点がありますので、単純な議論は絶対に避けて、それぞれの矢の意味を巨視的な視点から的確に理解しながら「総合的」な判断をすることが極めて重要ですね。ともすると、多くの経済学者も政治家も、浅はかで、一面的な理解や思い込みに基づいて経済政策について発言したり、実践したりする傾向が、今日の日本には極めて濃密に存在していますから、しっかりと肝を据えて考えないと、アベノミクスがメチャクチャになって、デフレ脱却どころか、デフレをさらに悪化してしまう事だって十分にあるわけですね。

強靭化もあれば狂人化もある

藤井　青木先生のお話をうかがっていて改めて感じたんですが、経済という現象は、われわれ人類社会の営みの「ひとつの側面」です。ある人はこの側面だけ取り出して研究すれば、そこの側面がわかるんだというかもしれないけれど、それは絶対に間違いです。人間という総合的な存在や、社会という総合的な存在の一側面を理解するためには、本当は人間存在全体を理解する必要があります。全体を理解しないと部分も理解できない。これは、人間を対象とした問題の理解における、一番基本的な自明の構造だと思うんですね。

青木先生のいろんなご発言は、どの側面を見るときでも、すべて人間存在全体、社会全体を視野におさめています。たとえば金融現象、GDP、所得、価格など、取り扱うのはひとつひとつの側面なんだけれど、常に全体を見ようとしていると感じます。

全体を見ないと判断できないにもかかわらず、一部だけを見ている人間というのは、一般的に「狂人」と呼ばれます。仮に現代経済学の多くが、本来は全体を見なければいけないにもかかわらず、全体を見ずに一部しか見ていないとするならば、さきほどの定義でいうと「狂人化」している（笑）。

国土強靭化というのはリスクを見据え、そのリスクに対してこの国全体が滅びないようにするという構造の取り組みですから、したがって常に全体性の回復というベクトルを持っています。したがって経済学という学問が狂人化してしまったのを、国土強靭化によって正気化するという構造が理論的にはあり得るのではないか、ということを感じます。グローバル化なんていうのも、ある意味、「狂人化」と近いところがあるのかもしれない。そのあたりについて青木先生のお考えをお聞きしたいと思います。

青木　全体を見ることなく部分だけで判断をする悪しき傾向についてのご指摘ですが、昔、象という動物を知らない目の悪い方が何人かいて、そのうちひとりは象の胴体をさわって「壁のようだ」といい、ひとりはしっぽをさわって「綱のようだ」といい、別のひとりは脚をさわって「柱のようだ」といった、そういう逸話がありましたね。誰も本質をとらえられない。ですから、全体を見ることはとても大事だと思います。

ところが現代経済学は、全体を見るのをやめてしまった。一部分だけをできるだけ拡大して見る方向に進んできました。実は現代経済学では30年くらい前に、主流派経済学の交代がありました。主流派だったケインズ経済学は1970年代後半から現代にかけて、正確にいうとリーマンショック前くらいまで激しい批判にさらされました。ケインズ経済学はもう死んだとか、ケインズはもうだめだと言われ続けた結果、ほとんどの経済学者はケインズ経済学を放棄してしまい、新古典派的な経済観に回帰してしまいました。「新しい古典派」とか「ニュー・ケインジアン」とか外見だけは変えておりますが、いわゆる先祖帰りをしてしまったのです。

ではどうしてケインズを捨ててしまったかというと、経済学者の多くがみずからの関心を、現実経済の分析からもっと細かいところに移してしまったからです。実は経済学という学問は、かつて「社会科学の女王」と言われておりました。「数学的な分析手法が確立しているから」というのがその理由です。私が思うに、経済学者は経済学を科学たらしめたいとずっと願ってきたのでしょう。しかしその科学に対する考え方に誤解がありました。どういうことかと申しますと、「科学的であること」を「自然科学的であること」と誤って解釈してしまったのです。

藤井　それはほんとにめちゃくちゃですね。社会科学においては、そういう態度は絶対にダメなんだ、というような事は、社会科学の始祖ともいわれるデビッド・ヒュームが、社会科学黎明のころから指摘していたことです。だとするなら、多くの経済学者たちは、社会科学の基本中の基本を何も知らないまま、社会科学もどき、似非社会科学をやってご満悦になっている人たちだ、と言えてしまいますよね。

青木　確かに、現実（事実）そのものというのは扱いづらいものです。もちろんジャーナリズムや歴史学にとっては、事実そのものを問題にすることは大事でしょう。しかし、一般的な学問にとっては違います。事実そのものはあまり有用ではありません。「原寸大の地図は用をなさない」とよく言われますが、その通りだと思います。

経済「学」から国家・国民が失われた

青木　現実を理論化するためには当然、抽象化が必要になってきますね。抽象化というのは普遍性、一般妥当性を求めるために共通項を抽出する作業です。普遍性というのは結局のところ、どの時代でも、どこの国でも、誰に対しても、どんな状況でも同じく当てはまるということです。確かにそれは自然科学においては正しいと思います。原始時代でも、どこか外国へ行っても、物理の法則とか化学の反応式というのは多分同じでしょうから。

藤井　もちろんそれは、経済や社会のしくみと違って、日本でもアメリカでも同じ。

青木　しかしながら、経済学は社会科学です。「すべての時代に当てはまらなければ科学的ではない」と言われても困ってしまう。それなら原始共産制から中世封建制、近世市民社会、現代資本主義社会まで全てに当てはまらなければ、普遍性、一般妥当性はないことになる。それはちょっとおかしいのではと言わざるを得ない。しかし、普遍性に近づくことが科学だというふうに考えてきた経済学者が多かったのでしょう。それによってどんどん現実から遠ざかってきたのです。いまでもそうです。最初に数学の論理があって、それにいろんな経済現象を型にはめるように押し込めようとする。入らないものは全部捨ててしまおうというイメージです。

藤井　もったいないですね。

青木　タイ焼きだって、型からはみ出したところがおいしいのですよ。それで結果的に現代経済学はどうなってしまったかというと、現実的なものがなくなった。最初になくしたのは何かというと、国家・国民です。

藤井　そうですね。アダム・スミスですら「国富論」だったのに。つまり、明確に「国」を豊かにすることを目指したナショナリズムに基づいた議論を展開したのがアダム・スミスだったわけですから、現代の多くの経済学者は、アダム・スミスさえ、裏切ってしまっている。

青木　さらに言うならばフリードリッヒ・リスト。あの保護貿易主義で有名な、国家の果たすべき役割の必要性を説いていた人の考え方も捨ててしまいました。国家・国民がないわけですから、国家を守るとか、国防や安全保障の思想など、とうの昔に捨て去ってしまいました。

藤井　なるほど、国土強靭化は、「国」の話だし、しかも、社会や生活の「安全保障」を見据えたものですから、現代経済学からは「完全に、明確に、綺麗さっぱり切り捨てられた領域」に位置するものなわけですね（笑）。

青木　返す刀でどこまで切ってしまったのかなと思ったら、資本主義という概念さえも切ってしまった。私は資本主義論を勉強してきた人間なので、「弱ったな」と思っているのですけど。そして何が残ったかというと、「市場システム」のみ。架空の場である市場システムだけなのです。なるほどこれなら時代も体制も考えなくていい。黒板（実験室）の中で当てはまればいい。これを考えの中心にしましょうということになっている。

藤井　怖いですねえ。もう資本すら認めないわけですね。現代経済学でインフラが無視されるのも、当然なわけですね。

青木　もっとひどいことがあるのです。経済学者は国家国民を考慮の埒外に置くばかりでなく、「方法論的個人主義」という立場をとっています。そういう経済学者の先生がすごく多い。

方法論的個人主義というのは、個人の行動から全体（社会現象）を推し量ろうとする考え方です。もちろん、社会は個人の集合ですから、個人の行動が社会全体に影響するのは当たり前です。しかし、逆に個人の行動基準（価値観）は、歴史、文化、伝統といった社会からの影響を免れません。いわば両者は相互依存関係にあります。でも因果の方向を考えるとすればどうでしょう。どちらが先でしょう。個人が先か、社会が先か。ニワトリが先かタマゴが先か。

これでは循環論法になってしまいますので、便宜上、因果の方向を決めるのです。「個人から全体へ」というのが方法論的個人主義、「全体から個人へ」が方法論的全体主義です。あくまでも社会認識の方法なのです。当然、優劣はつけられません。どちらが社会現象をうまく説明できるかという有用性、プラグマティズムの観点から適宜選択すればよいのです。

ただし、社会認識の道具に過ぎない方法論的個人主義を主流派経済学の理屈と合体させると、とんでもない社会認識が出てきてしまいます。先程述べたとおり、国家も国民も歴史も消し去ったのが主流派経済学ですから、そこで想定される個人も全くの抽象の産物ということになる。

藤井　不思議なことに、今日では、「方法論的全体主義」をとった瞬間に、バカだと言われるんですよ。これは経済学ばかりではありませんよ。今の社会科学の主流ではもう、みんなそんな雰囲気です。

青木　そうなのですよ。

藤井　学界外の方は意味がわからないかもしれませんね。要するに社会を社会そのものとして、全体としてとらえて説明するのはバカだということです。一方で、社会現象を個人にまで還元して説明すると「賢い」といわれる。これは要するに、自然科学の方法論がアナライズ、細分化していくことで成功してきたから、こういう得体の知れない風潮が出来上がったのだと言えるでしょう。原子論までやって、クォークまでいって、超ひも理論ができて——というようにどこまでも細分化していくことで一定の真実が明らかにされていったという成功体験があるものだから、全体を全体のまま説明するやつがバカみたいに見えるのでしょうね。でも、それって、社会科学と自然科学をまったく同じものだと考えている愚か者の発想なんです。

青木　ああ、なるほど。たぶんその影響でしょうねえ。

非現実的な現代経済学

藤井　僕、いまお話をお聞きしていて思ったんですけど、僕らが子供のころ、「妖怪人間ベム」というアニメの歌に「早く人間になりたい!」というセリフがありましたが、ベムやベラは、どれだけ人間にあこがれたって絶対人間になれないんです。だって彼等、妖怪なんですから(笑)。同じように、社会科学はどこまでいっても、社会科学なんです。自然科学にどれだけあこがれようが、どれだけ自然科学に媚びを売ろうが、どこまでいっても社会科学は自然科学になんてなれっこないんです。だって、人間を扱い、精神を扱い、命を扱うものが社会科学なんですから。だから、社会科学で、自然科学みたいに何もかも還元主義、分析主義で説明しようとしても無理なわけです。つまり、すべてを方法論的個人主義に還元しちゃいかんわけです。

青木　方法論的個人主義、すなわち個人から全体を推し量るという考え方は、主流派経済学の中では、個人の利益の集合の延長上に全体があるという考え方ですからね。そうなってきますと、もう国家とか国民とかまったく視点に入らないのです。

藤井　おかしいですね。そのくせ、方法論的「全体」主義を徹底的に忌み嫌う先生方でも、たとえばサッカーが好きだったりして、試合を見ながら「チームプレーができてない」などと言ったりするわけです。「チーム」なんてのは、最も典型的な「方法論的全体主義」的な概念であって、方法論的個人主義をどれだけ突き詰めたって出てくるものじゃない。なのに、趣味の世界ではサッカー好きで、サッカーについてはバリバリの「方法論的全体主義」に基づいた講釈をああだこうだ垂れる学者が、学問の世界では方法論的「全体」主義を徹底的に忌み嫌う――こういう知的不誠実が、今、あらゆるところでまかり通っているわけです。ちょうど、バリバリの近代主義者で、日本文化を徹底的に忌み嫌う進歩的知識人が、田舎に墓参りに戻って、母親の煮っ転がしか何かを食べながらウマイウマイと涙ぐむようなものですね（笑）。

青木 そして現実性を捨て去ったあとに何が残ったかというと、現代の経済学を形成している「マクロ経済学のミクロ的基礎付け」などというつまらない話だけです。

藤井 ルーカス批判（ノーベル経済学賞を取ったルーカスが行ったマクロ政策に対する批判）以降、マクロは死んだということになってしまって、マクロ経済そのものもなくなったかのように論じられたりしました。

青木 そうなのです。「マクロの解体、ミクロの不統一」というのが現代経済学の事情を説明する言葉だと私は思っています。もうすべてミクロの合理性に還元してしまう。確かに社会というのは個人から成り立っています。それは当然です。わかります。しかし個人とはどういう人たちかというと、経済学が定義するような自分の利益を追い続ける利己的な個人主義者ばかりではないわけです。確かにわれわれはみんな自分がかわいいですよ。否定しません。しかし自分「だけ」がかわいい人というのは、社会には少数なのです。自分もかわいいけれど家族も大事。そして地域社会、コミュニティも大事。だから地元の高校野球も応援する。その延長として国家があるから、国家も大事。事あらば自分もみんなの役に立ちたいと思うのは当たり前なのです。しかし現代経済学のミクロ的世界では「自分だけが大事な人たち」だけから社会が構成されると前提されているのです。

藤井　人間は絶対子供をかわいがったり、猫を飼ったりするものです。

青木　まったくです。ですから、そういうようなことから形成されている現代経済学というものは、極めて非現実的だということがわかると思います。一方、捨て去られたほうのマクロのケインズ経済学はどんなものかというと、実は極めてアバウトな前提で成り立っているおかげで、現実を分析するのにたいへん役立つのです。たとえばケインズが人間をどう定義しているかというと、あまり厳密に定義していない。世の中には、いろんな人が居ていいと考えたのだと思います。個人個人の考え方や行動基準、価値観に立ち入ると大変だから、そういう人たちの行動をまず消して集計量だけで考えていきましょうというような方向性です。

従いまして、現代経済学の想定するような均衡以外の経済状況こそが現実的で当たり前の姿だと思っている方たちは、その分析のやり方としてケインズ経済学に依拠する。これは自然な流れではないでしょうか。

さきほどの象のたとえを用いれば、新古典派やそういう系列の考え方では象の一部分しかさわっていない。しかしケインズの場合はもう少し余計にさわっている。しかし、それでも全体をさわることはできない。それが経済理論の限界なのですね。

経済学ではすべてを説明できない

青木　でありますから、経済学の知識だけでは社会理解は進展いたしません。藤井先生は土木工学、社会工学、都市工学の専門家でいらっしゃいますけれど、心理学や哲学も修められている。そういういろいろな分野の知識を総合しないと、現実社会を理解できない。さきほど先生がおっしゃった通り、複雑なものはある程度複雑なまま理解しないといけない。あまりにも単純化するのはよくないという話です。

藤井　やはりフリードマンとケインズは大きく違います。私のイメージなんですが、ケインズの場合、最初から全部を説明し尽くそうとはしていない。たとえばインフラと経済についてのフリードリッヒ・リストの経済論の側面が、ケインズ経済の中に十分入っていないということはあると思うんですが、ケインズの理論は、理論が主人じゃなくて、理論を使う人間が主人であり、対象とする現象をどう改善していくか、マネジメントしていくか、ということに主眼が置かれている。だから、人間がたとえばデフレ脱却したいというときには、この理論のなかのある道具を使おうか、ということができる。そしてさらに言うなら、この自分の理論が使えない局面では、使わないでくれ、という含みが、ケインズ理論の中にはある。

しかしフリードマンは、最初から、どんな時にでも使える道具を作ろう、と思っている。インフレであろうがデフレであろうが、先進国であろうが途上国であろうが、大国であろうが小国であろうが、そんなのは関係なく、いつでも、どこでも、何にでも使える道具を作ろうとしたといえるように思います。

でも、道具なんて、全部、TPOがあって初めて使えるものです。コップと金槌とメモ用紙に同時に使えるような道具なんて使いづらくって仕方ない。コップはコップ、金槌は金槌、メモ用紙はメモ用紙でいいんです。だから、経済理論を「道具」だとみなした瞬間に、フリードマンよりもケインズが勝利する、ということは、決定的だともいえるわけですね。

そうであるにもかかわらず、あくまでもフリードマンの「万能道具」を使おうとし続ければ、使っているうちにだんだん悪魔に洗脳されていくみたいに、「理論に人間が支配される」ようになってしまう。なんといっても「何にでも使える万能道具」なんてものは、結局は「何にも使えない無能道具」にしかなり得ない。にもかかわらず、そんな「無能道具」を「何にでも使える！」と強弁し続けるためには、精神の方を少々病的なもの、異常なものに変質していかないとやっていけなくなるのです。だから、フリードマン理論を毎日振り回していれば、現実を無視した、異常な物言いをせざるを得なくなってしまう。そして最終的には、「とにかく市場主義を導入すれば、それでどんな問題でも、万事ＯＫになるんです！」

なんていう、完全に常軌を逸した発言を繰り返すことになってしまうわけです。

青木　その通りですね。ケインズは本当の天才ですから、自分の考えていることが経済学というツールでは全部説明できないことを十分知っていたのです。

藤井　彼のエッセンスはものすごい哲学ですからね。

青木　そうですね。彼の経済学は、彼の大きな思想体系の一部をうまく表したものです。一般的にケインズ経済学というのは短期の理論だと言われています。長期の理論ではない。すなわち現実経済の瞬間写真ではあるけれど、動画ではないととらえられています。でもケインズは頭がいいですからね、自分の短期の理論を動画化したり長期で考えたりすると、これはとてつもない象（姿）に変じてしまうと考えていたのでしょう。そこに踏み込むと、後のフリードマンみたいな考えに至ってしまうのではないかと危惧していたのかもしれません。

藤井　単なる仮設物にしか過ぎない「理論」なるものに、森羅万象を適合させようとすればするほど、理論が良くなっていくというより、そんな不可能事に日々努力している内に、精神の方がオカシクなっていくということですね。

青木　本当にケインズは知性主義そのものだと思います。論理と現実をうまくバランスさせて考えている。フリードマンのような経済論理の側だけから現実経済を見るような愚を犯しませんでした。ただし、いま現代経済学でどんなことが起こっているかといったら、フリードマン流の非現実的な考え方が世界じゅうに広がってきているのです。そしてそれと軌を一にして、現実経済の方でもいわゆるグローバル化という事態が生じてきたのです。

藤井　呪いが世界にまき散らされてしまったようなものです。

青木　いままでは経済活動に国境の壁があったけれども、資本が動くのに邪魔だからといって壁を低くしてしまった。その他諸々についても、どんどん壁を低くしている。結果的にどうなってしまうかというと、資本を制御できなくなってくるわけですね。国内経済の範囲内なら民間がいろんなことをしても、政府がなんとか規制したりルールをつくったりして制御できる。しかしいわゆる世界政府というものは存在しないわけですから、グローバル化段階で唯一のルールは市場原理のルールになります。民間のルールしかない。競争したり効率を求めたりして、「わーっ」と動きつづけることになるのです。

経済運営の基準は国家である

青木　その結果として、もっとも重大な欠陥が出てくると思います。それは何かというと、「市場の失敗」[*]です。経済学者というのはいろんな立場の人がいるし、いろんな考え方が

＊ **市場の失敗**…本来ならば安定をもたらすはずの市場メカニズムが、前提とする条件が満たされないために、非効率な結果をもたらすこと。独占・寡占、公害問題、フリーライダー問題などが発生する可能性がある。

あって、当然それでいいのですが、そういう侃々諤々の議論をくりひろげる経済学者のなかでも必ずひとつ共通項というか、みんなが認識しているものがあります。それは何かというと、市場の失敗なのです。

藤井　経済学者はすぐそれを言いますよね。僕が、実践的な観点から、経済学の問題を少しでも指摘すれば、「藤井くん、それは市場の失敗の問題だよ」と、百万回も言われています（笑）。つまり、「そんな事は藤井君に言われなくたって、こっちは百も承知なんだよ」と言わんばかりです。知ってるんだったらナントカしろよ、と思うんですが、そういう気はさらさらないようです（笑）。

青木　ところがこの市場の失敗を是正する世界政府や国際的ルールがないわけですから、どうなるかというと、市場の失敗のなかで一番問題となる「外部不経済」が発生する。端的には環境汚染とかそういう問題ですね。中国やインドは、テレビで見る限りスモッグや水質汚染などたいへんな環境汚染にさらされていますが、ああいうニュースを見るたびに、私は「解決できない市場の失敗」を思い出します。

世界政府とか国際基準がない以上、結局、グローバル企業はその生産する国の規則に従うことになる。環境規制が厳しい国は、当然のことながら生産コストが上がってしまいます。何もしないよという国ではコストが安い。どっちでつくったほうが効率的ですかということになってしまいます。これは地球環境破壊です。経済効率の追求だけを目的とするグローバル化は、地球環境に対する犯罪のようなものだと私は思います。

藤井　アジアでいままさに起きている問題ですね。さらに元を正せば、産業革命が起こり資本主義ができたころからすぐに出てきた問題でもありますね。

青木　制御なきグローバル化というのは、本当によくない。グローバル化を必然的な流れと見るのではなく、立ち止まってもう一回考えていかなければならない。やはり経済運営というのは国家が基準であります。そして経済政策の運営の基本は藤井先生がおっしゃっている経世済民です。グローバル化とか、いま行われている新自由主義的な政策云々というのは、私は、「経世済民」ならぬ「放世任民（ほうせいにんみん）」とでも言うべきものだと思います。これは私の造語なのですけれど、「（政府は）世を放ったらかして民に全て任せる」というような意味です。これは絶対よくない。

藤井　市場に任せておけばすべてうまくいくというような人は、お子さんが生まれたら、是非市場に預けて完全に放ったらかしにしてほしいですね。それがイヤだったら、市場に任せておけばすべてうまくいくというようなことは、二度と公言しないで頂きたい。

青木　藤井先生の主張なさっている国土強靭化計画を基軸として、国家のあり方、安全保障のあり方を考えたうえで、経済運営がなされていってほしいと常々考えています。

藤井　築土構木の思想とは、すなわち土を積んで木を組んで、われわれの生活環境を整えて人々を幸せにし、経済、文化・芸術を発展させようというものですが、いま築土構木の思想に携わる多くの人々は、どうしてわれわれはこんなに軽視されて、人によってはないがしろにされるんだろうと考えていらっしゃる方が多いと思うんですね。その背後には実は経済思想の歪みがあります。歪んだ経済学の思想が社会を席巻しているがゆえに築土構木の思想もまた、どんどん弱体化してきたという構造がある。そういう構造を、今回はいろいろと青木先生にお聞かせいただきました。われわれは築土構木の思想を打ち立てるという営為を続けていくと同時に、いかにして築土構木の思想が解体させられてきたのかをしっかりと理解しなければならない、と思います。そういう人々にとって、青木先生のお話は非常に勉強になったと思います。ぜひこれからもまた、いろんなところで青木先生のお話を伺っていきたいと思います。ありがとうございました。

おわりに——「現代思想」を深化させるために

「築土構木」すなわち「土木」を、「思想的に語る」という取り組みは、これまでも幾度か試みられてきました。しかし、様々な分野で独自の思想を深めてこられた五名の論客の方々と語り合った本書『築土構木の思想』程に、幅広くかつ深く土木が思想的に論じられたことは、少なくとも筆者の知る限り初めてだったのではないかと思います。

それはもちろん、いわゆる「土木」の広がりを明らかにするものでしたが、本書はそれ以上に、今日の「現代思想」の在り方に、新たな光を差し向けるものでもあったのではないかと思います。つまり、本書は、「築土構木」の世界を思想的に深化せしめたのみならず、築土構木という角度から思想を語ることで、「現代思想そのもの」を深化せしめたものでもあったのではないかと考えています。

そもそも人間は、この自然の中に生きています。

しかし、現代人はその当たり前の前提を忘れ、「社会」、さらに言えば「人間関係」の中「だけ」に生きているかのような錯覚に陥ることは決して少なくありません。

そうした錯覚は、あろうことか思想・哲学にまで、及んでいます。たとえば、ハイデガーは人間存在を定義する際に「時間」に着目しましたが、「空間」に対しては十分に配慮していなかったように思います。しかし、空間もまた人間存在に巨大な影響を及ぼすものであることは論を待ちません。その視点を踏まえるなら、人々がこの大自然の中でどういう「住処」に暮らしているのか、そして、その「住処」をどのようにして作り上げてきたのかという論点に、人間存在を把握するにあたっての巨大な意味があるに違いないのです。

こうした視点は、大自然の中で住処を確保する営みである築土構木＝土木を視野に収めることで、自ずと思想、哲学の中に胚胎されていくこととなります。

そしてこうした視点を含めた現代思想が、この日本、ひいては世界の中で展開されていけば、私たちの生のかたちと自然の循環とがより調和する形で、私たちの住処、空間が、自ずと整えられていくことになります。

逆に言うなら、私たちの住まいである都市や地域にて様々な問題が噴出し、自然と私たちの暮らしとの間に大きな矛盾が顕在化すると同時に、私たちの暮らしに安寧が失われているとするなら、その最も本質的な原因は、現代思想の現場において、築土構木の思想が不足していたが故なのです。

たとえば、大石氏が論じた文明論は、社会のありようを論ずる上で築土構木の視点が不可欠であることを示しています。そうした築土構木の営為においては、中野氏が論じたナショナリズム論が示唆するように「民」が互いに協力することが不可欠であると同時に、青木氏の経世済民論は、築土構木を成さんとする「為政者」は民を慮る聖人としての視座を必ず持たねばならぬことを示唆しています。そして、柴山氏が論じたインフラ論は、先人たちの築土構木によって作り上げられてきたという「過去」の歴史そのものを決して忘れてはならぬことを示し、三橋氏が論じたアニマル・スピリット論は、子孫たちも見据えた上で「未来」に向けて築土構木を成し遂げなければならぬという血気の必要性を私たちに教えています。

つまり、思想の現場に築土構木の視点を導入することで、「空間と時間」、すなわち、「自然と歴史」という双方の軸を過不足なく私たちの思想の中に織り込ませる契機を得ることができるのです。本書で論じた五名の論客との対談は、そうした思想的可能性を、私たちに改めて指し示しています。

ついては、こうした可能性を提示いただいた五名の論客に、改めて心から感謝の意を表したいと思います。

——本書の各対談は、インターネットTV「**土木チャンネル**」(http://doboku-ch.jp/ :主催・コンソーシアム土木100年プロジェクト）[*]の動画番組『築土構木の思想』の内容を再編集したものとなっています。また、本書に収めた二編の補講は同チャンネルの動画番組『土木を語る』にて筆者が講述した内容を編集しています。

ついては本書を終えるにあたり、土木チャンネルのスタッフ各位に心から御礼申し上げたいと思います（土木チャンネルは、現在も毎週月曜日に新しい番組を配信しておりますので、読者の皆様も是非、ご視聴ください）。また、本書の出版にあたっては、晶文社の安藤聡さんに大変にお世話になりました。ここに記して、深謝の意を表したいと思います。

藤井 聡

＊ 建設専門三紙（株式会社日刊建設工業新聞社、株式会社日刊建設産業新聞社、株式会社日刊建設通信新聞社）が、「土木学会100周年」を機に、土木学会100周年事業実行委員会広報部会の協力の下、結成したコンソーシアム。

著者について

藤井聡（ふじい・さとし）

1968年奈良県生まれ。京都大学大学院工学研究科教授（都市社会工学専攻）。京都大学土木工学科卒、同大学院土木工学専攻修了後、同大学助教授、東京工業大学助教授、教授、イエテボリ大学心理学科客員研究員等を経て、09年より現職。また、11年より京都大学レジリエンス研究ユニット長、ならびに第二次安倍内閣・内閣官房参与（防災減災ニューディール担当）。文部科学大臣表彰、日本学術振興会賞等、受賞多数。専門は、公共政策に関わる実践的人文社会科学全般。

『大衆社会の処方箋――実学としての社会哲学』（北樹出版）、『社会的ジレンマの処方箋――都市・交通・環境問題のための心理学』（ナカニシヤ出版）、『政の哲学』（青林堂）、『土木計画学――公共選択の社会科学』（学芸出版社）、『公共事業が日本を救う』『列島強靭化論』（共に文春新書）、『プラグマティズムの作法』（技術評論社）、『強靭化の思想』（扶桑社）など著書多数。

犀の教室
Liberal Arts Lab

築土構木の思想
――土木で日本を建てなおす

2014年7月30日　初版

著　者　藤井 聡

発行者　株式会社晶文社
東京都千代田区神田神保町1-11

電　話　03-3518-4940（代表）・4942（編集）

U R L　http://www.shobunsha.co.jp

印刷・製本　中央精版印刷株式会社

ISBN978-4-7949-6816-6 Printed in Japan